身近な野菜の奇妙な話

もとは雑草? 薬草? 不思議なルーツと
驚きの活用法があふれる世界へようこそ

森 昭彦

≡ SB Creative

著者プロフィール

森 昭彦(もり あきひこ)

1969年生まれ。サイエンス・ジャーナリスト。ガーデナー。自然写真家。おもに関東圏を活動拠点に、植物と動物のユニークな相関性について実地調査・研究・執筆を手がける。著書に、『身近な雑草のふしぎ』『身近な野の花のふしぎ』『うまい雑草、ヤバイ野草』『イモムシのふしぎ』『身近にある毒植物たち』(いずれもサイエンス・アイ新書)、『ファーブルが観た夢』(SBクリエイティブ)がある。

本文デザイン・アートディレクション:クニメディア株式会社
写真:森 昭彦
校正:青山典裕、原田裕江

サイエンス・アイ新書
SIS-402

http://sciencei.sbcr.jp/

身近な野菜の奇妙な話
もとは雑草？ 薬草？ 不思議なルーツと驚きの活用法があふれる世界へようこそ

2018年3月25日　初版第1刷発行

著　者　森　昭彦
発行者　小川　淳
発行所　SBクリエイティブ株式会社
　　　　〒106-0032　東京都港区六本木2-4-5
　　　　電話：03-5549-1201（営業部）
装丁・組版　クニメディア株式会社
印刷・製本　株式会社シナノ パブリッシング プレス

乱丁・落丁本が万一ございましたら、小社営業部まで着払いにてご送付ください。送料小社負担にてお取り替えいたします。本書の内容の一部あるいは全部を無断で複写（コピー）することは、かたくお断りいたします。本書の内容に関するご質問は、小社科学書籍編集部まで必ず書面にてご連絡いただきますようお願いいたします。

©森 昭彦　2018 Printed in Japan　ISBN 978-4-7973-9046-9

索引

英字

GABA	52、166、169、173
SLs	102、188
SOD	33、176、179
S-メチルメチオニン	25、58、166、169

あ

アスパラギン酸	22、25
アピイン	86
アピオール	148
アピゲニン	21、87、148
アリシン	98、136
アントシアニン	21、37、49、68、70、103、110、114、125
ウィザノライド	114
エラグ酸	28
エラジタンニン	28

か

塊茎	68
塊根	68
カプサイシン	106
カプサンチン	161、162
カプソルビン	161、162
擬葉	24
ククルビタシン	177、178

さ

自家不和合性	112
シトルリン	78
雌雄異株	24
シリマリン	18、21
スーパーオキシド・ジスムターゼ	33、176

スルフィド	99、128
セスキテルペンラクトン	41、102、187、188
走出枝	26、30

た

トコフェロール	66

な

ナスニン	124

は

フィサリン	114
フラボノイド	76、91、160、183
ベタキサンチン	82、152
ベタシアニン	82、152
ベタレイン	152
不飽和脂肪酸	42、162
ポリフェノール	18、25、71、76

ま

メラトニン	144
無限伸育性	90

や・ら・わ

ヤラピン	68、71
葉酸	45、75、148、153、161、172、182
リコペン	119、120、133
ルテオリン	21、107、144、160、189
レピジモイド	44
矮性種	36

《 参考文献 》

農文協(農山漁村文化協会)/編『野菜園芸大百科 第2版』(農文協、2004年) *第1～19巻
青葉高/著『日本の野菜文化史事典』(八坂書房、2013年)
Charles M. Skinner/著 *Myths and Legends of Flowers, Trees, Fruits, and Plants* (Forgotten Books、2015年) *1911年刊の復刻
Roy Vickery/編著、奥本裕昭/訳『イギリス植物民俗事典』(八坂書房、2001年)
加藤憲市/著『英米文学植物民俗誌』(冨山房、1976年)
Eugen Strouhal/著、内田杉彦/訳『図説 古代エジプト生活誌』(原書房、1996年) *上・下巻
大槻真一郎/責任編集『プリニウス博物誌』(八坂書房、2009年) *植物篇、植物薬剤篇
Andrew Chevallier Mnimh/著、難波恒雄/監訳『世界薬用植物百科事典』(誠文堂新光社、2000年)
Barbara Santich,Geoff Bryant/編、山本紀夫/監訳『世界の食用植物文化図鑑』(柊風舎、2010年)
岡田稔/新訂監修『新訂 原色牧野和漢薬草大図鑑』(北隆館、2002年)
Maguelonne Toussaint-Samat/著、玉村豊男/訳『世界食物百科―起源・歴史・文化・料理・シンボル』(原書房、1998年)
塩野七生/著『ローマ人の物語Ⅱ ハンニバル戦記』(新潮社、1993年) ほか多数

《 参考論文 》

Anne C. Kurilich et al."Carotene,Tocopherol,and Ascorbate Contents in Subspecies of *Brassica oleracea*"(*Journal of Agricultural and Food Chemistry* 47、pp.1576～1581、1999年)

L.Fernando Reyes, J. Emilio Villarreal, Luis Cisneros-Zevallos"The increase in antioxidant capacity after wounding depends on the type of fruit or vegetable tissue"(*Food Chemistry 101*、pp.1254～1262、2007年)

Shiow Y. Wang, Kim S. Lewers, Linda Bowman, Min Ding"Antioxidant Activities and Anticancer Cell Proliferation Properties of Wild Strawberries"(*Journal of the American Society for Horticultural Science* 132〈5〉、pp.647～658、2007年)

Carlos Enrique Guerrero-Beltrán, Mariel Calderón-Oliver, José Pedraza-Chaverri, Yolanda Irasema Chirino"Protective effect of sulforaphane against oxidative stress:Recent advances"(*Experimantal and Toxicologic Pathology* 64、pp.503～508、2012年)

C. J. Atkinson, P. A. A. Dodds, Y. Y. Ford, J. Le Mière, J. M. Taylor, P. S. Blake and N. Paul "Effects of Cultivar, Fruit Number and Reflected Photosynthetically Active Radiation on *Fragaria × ananassa* Productivity and Fruit Ellagic Acid and Ascorbic Acid Concentrations"(*Annals of Botany* 97、pp.429～441、2006年)

Edward Giovannucci"Tomato-Based Products, Lycopene, and Cancer:Review of the Epidemiologic Literature"(*Journal of the National Cancer Institute* 91〈4〉、pp.317～331、1999年)

Tarek A. El-Adawy and Khaled M. Taha"Characteristics and Composition of Watermelon, Pumpkin, and Paprika Seed Oils and Flours"(*Journal of Agricultural and Food Chemistry* 49、pp.1253～1259、2001年)

東敬子、室田佳恵子、寺尾純二「野菜フラボノイドの生体利用性と抗酸化活性」(『日本ビタミン学会』80〈8〉、pp.403～410、2006年)

眞岡孝至「カロテノイドの多様な生理作用」(『食品・臨床栄養』2、pp.3～14、2007年)

池上幸江、梅垣敬三、篠塚和正、江頭祐嘉合「野菜と野菜成分の疾病予防及び生理機能への関与」(『栄養学雑誌』61〈5〉、pp.275～288、2003年) ほか多数

レタス(栽培種)の
機能性成分例

- セスキテルペンラクトン類
- ルテオリン、ルチン
- カロテノイド類
- ビタミンB、C、E

- セスキテルペンラクトン類(SLs)を生産する植物は限られる。強い苦みがあるものの薬効は素晴らしく、抗炎症作用、食欲増進、消化促進、利尿作用のほか鎮静作用、鎮痛作用も示し、特殊なものでは抗マラリア作用も知られる。市販のレタスではSLsの苦みと薬効は期待できぬが、チコリ(p.102)で体験できる。含有量の違いについてはp.103の表を参照。
- ルテオリン(p.160)はピーマンの項目で述べた作用のほかにも抗腫瘍、循環器系の保護、免疫系の刺激作用なども期待されている。強力な抗酸化作用をもつカロテン類やビタミン類も豊富。世界各国の研究者やガーデナーのレタスに捧げる称賛と愛情は日本人が驚くほど。

'ロロロッサ'

'Rouge d'hiver'

'グリーンサラダボール'

レタスの仲間
人生を彩る"野菜のいる暮らし"

　毒気をすっかり抜かれたレタスが、代わりに手にしたのがサラダ野菜としての絶対的権威。一方で、野生に近い原種系レタスはいまも、民間療法や現代ヨーロッパ薬学世界において製薬原料としての重責を果たしている。薬剤としての調製は、いささかの苦労を伴う。一般的な調整方法は、乳液を集め、乾燥させ、これを粉状にして使用するというもの。よく煮立ったお湯で茹で、乳液成分を抽出して固めるわけだが、ほんのわずかしか採れず、そのまま内服するのは危険極まりない。外用薬として市販の乳液やローションと混ぜれば、日焼け、肌荒れに効くと言われるので、どうしても使いたいという場合はここから試してみたい。

　機能性成分として特筆すべきはセスキテルペンラクトン類（sesquiterpene lactones：SLs）。抗炎症作用や利尿作用、食欲増進と消化促進のほか、特殊な作用としては鎮痛作用、鎮静作用、鎮咳作用、抗マラリア作用などが知られる貴重な成分。一般の栽培レタスでは微量にとどまる（p.103表）。

　リーフレタス類は、栽培も簡単で収穫も早いぶん、ある重要な点を失念すると、恩恵は激減する。野菜とハーブに共通するのは、過剰に栄養を与えると風味がボケて機能性成分が失われること。元来の暮らしぶりに合った環境を現出させてはじめて、彼女たちは生き生きとその生命を全うする。レタスたちは石灰質の痩せた土壌を好む。庭先に招くときも、有機石灰などで土質を中性から弱アルカリ性に導くことで、はじめてレタスの真価を体感できる。サラダのレタスが美味しいだけで、食事の愉しみがぐんと増す。ゆっくり味わいながら自然界の不思議をも噛みしめる。

キク科
アキノノゲシ属
ワイルドレタス

Lactuca virosa

原産地	地中海沿岸、イギリスなど
栽培の歴史	野生種
性　質	2年生
花　期	7〜9月

暮らしぶりと性質

極めて頑丈。日本(関東)の猛暑と厳冬も平気で耐える。見た目は日本のお仲間(雑草)とそっくりで、いかがわしい風情すらある。別名ポイズン・レタス。

タネ

特記事項

セスキテルペンラクトン類のラクチュカリウムの生成力が非常に高い。人体には強い刺激作用があり、麻薬中毒に似た劇症反応を引き起こす。一方で丁寧に精製して適切に処方すると、皮膚疾患やつらい咳の妙薬となり、ヨーロッパではいまも利用される。

レ タスの仲間

レタス中毒の幻覚と意識喪失

　2008年5月、イランの山岳地帯でそれは起きた。地域によっては野生のレタスをサラダにする習慣があるようだが、8名のイラン人が、収穫期ではない若い時期にサラダで食べた。製薬原料とされる野生レタスの乳液——古代エジプトの民が畏敬した大地の精液だが、ここに含まれるラクチュカリウム (lactucarium) などは、高い薬効をもつと同時に強烈な副作用を示す。野生のレタスで中毒を起こすと、眩暈と吐き気に襲われ、激しく嘔吐する。出すものを出したらそれでおしまいではなく、今度は幻覚、幻聴につきまとわれ、強度の不安症を起こす。運動機能障害を併発し、ついに意識喪失——イランの患者たちは集中治療室に運ばれた。

　幸いにも全員が回復できたが、レタスで麻薬中毒類似の劇症反応を起こすという事実はあまり知られていない。1917年Servall Company社発行の製薬材料リストには「アヘンやコカインが使えないとき、レタスはその代用品となる」とあるように、医薬の面で麻薬に準じて使用された歴史がある (Besharat、2009年)。胃腸の炎症にはとても効果的な薬とされ、咳止め薬としての評判も高く、気管支炎、百日咳（ひゃくにちぜき）、心因性の咳など、とにかくつらい咳によく効いたという。咳止め、鎮静、鎮痛とくれば、レタスの乳液成分が中枢神経系統に作用していることが分かる。特にコリン系の神経伝達物質を使用する神経細胞に作用することが知られる。

　強毒性をもつ野生レタスは、病害虫に対して、めっぽう強い抵抗性を示す。我々が目にする畑のレタスたちは病害虫に弱くなったが、代わりに苦みや毒性は減った。薬効も減ったが、甘みは増した。いまや数百種を数えるほどの品種が存在するけれど、原種に近い品種ほど風味のクセと愛おしさが強まる。

キク科
アキノノゲシ属

レタス

Lactuca sativa

原産地	地中海沿岸、中近東
栽培の歴史	6,500年以上
性質	1〜2年生
花期	5〜6月

暮らしぶりと性質

タネを蒔けば、それは気持ちよさそうに育ってゆく。冬の霜にもよく耐えるので、真冬の庭園と食卓を彩るにはうってつけ。庭園のそれは神妙な美しさ。

'レーヌ・ド・グラース'

'レッドサラダボール'

'レーヌ・ド・グラース'

特記事項

レタスが捧げられた古代エジプト神ミンは、エジプト文明が始まる前から崇拝され続けた重要な神。神がかりの薬効と爽快な食感でもって、レタスのサラダは世界中の文明圏に燦然と君臨する。日本には天平6年(734年)より前に入ってきたと言われる。

レタスの仲間
聖なる性の偉大な薬草

「サラダは弱った体を生き生きとさせ、いらいらした気分をおだやかにする。それは若返りの妙薬である」(ブリア＝サヴァラン：18世紀フランスの法律家・美食家／『世界食物百科』より)

さてサラダといった実にシンプルな"料理"は、その実、果てしなく奥が深い。実際、ダルビニャック(18世紀のフランス貴族)という男はイギリスに亡命したあと、サラダの作り方をイギリス人に指南することで"巨万の富"を得た。

あまたある野菜のなかで、サラダの絶対的地位を獲得したのがレタス。我が家では多くの原種系レタスを栽培してきたけれど、その快活な歯触り、圧巻の豊かな風味はケタ違い。スーパーで売られている結球レタスも敬愛しておるが、原種に近いリーフレタスの味わいは実に素晴らしく、栽培も簡単。店頭に並ぶことのないマニアックな品種をコソコソとタネから育て、食卓に誘えば、その色彩の美麗さと個性的な風味は、美食家サヴァランならずとも至福の祈りを捧げたくなる。

チコリの項で既述したように、原種のレタスは野生で現存する。栽培の始まりは一説に紀元前4500年の古代エジプトとされ、エジプト神話の豊饒と子孫繁栄を司るミン(Min)という男性神に捧げられた。レタスを傷つければ白い乳液が滲み出る。これが神聖な精液であると崇拝され"聖なる性の薬草"として研究が進む。当時、乳幼児死亡率が30％超で、男女の平均寿命がわずか25歳であった古代エジプト社会は、薬草を用いた医薬の進歩と普及によって人口を爆発的に増やし、巨大文明を構築した。

ただし古代エジプト人と古代ローマ人は、極めて重要な点を見逃さなかった。レタスは毒草。細心の注意が払われたのである。

ラプンツェル（マーシュ）の
機能性成分例
- 葉酸
- α-リノレン酸（ω-3脂肪酸）
- カロテノイド類、フラボノイド類

- 葉酸は、ビタミンBの仲間で、かつてはビタミンMと呼ばれた。人体内ではたんぱく質やDNAの合成、造血に深く関わる。不足すると神経や腸の機能に障害が起きるが、日本人の食生活で欠乏することは滅多にない。
- ラプンツェルは治療薬にも利用される。ヨーロッパでは抗がん作用、抗心臓病作用、抗炎症作用、抗糖尿病作用など、重大な生活習慣病の改善能力を高く評価している（Ramos-Buenoほか、2016年）。

日本の道ばたで野生化するノヂシャ（和名）

日本の道ばたで野生化するノヂシャ（和名）

強力な生命力の恩恵

本種の無節操なほどの繁殖力と厳冬に耐える抵抗力は、豊富な糖分、脂質、抗酸化物質の生成にあるようだ。嬉しいことにα-リノレン酸まで作り出す。これは我々の体内でエイコサペンタエン酸（EPA）に変換されてホルモン調節、循環器系や神経系の修正・補強を促進する。

ラ ラプンツェル（マーシュ）

女性を守る魔法の薬草

　ラプンツェルは小さな草だが、愛嬌と栄養素はもれなくたっぷり。栽培はたやすく、あたかもころころと笑うように殖えてゆき、わらわらと群れては初夏の太陽の下で風とじゃれ合う。

　しかし道ばたのラプンツェルと畑にいる彼女らは、様子がまるで違っている。道ばたのは痩せっぽちで花も少なく、畑のそれはまるまると育ち、星くずがごとき花々に埋もれる。

　アスコルビン酸、ミネラル類、カロテノイド類、葉酸を豊富にこさえるのを得意とする一方、カロリーは低め。

　葉酸はDNAの生合成、細胞分裂、造血に深く関わり、胎児の神経系の形成を正しく導くカギを握る（近藤厚生ほか、2003年）。地中海沿岸地域では古くから「特に妊婦によい」とされ、日常的にも「決して欠くことができない野菜」として大いに栽培されてきた。妊娠中のおかみさんが「ラプンツェルを！」と渇望した背景には、当時からそうした知識が広まっていたのだろう。待望の子を宿した女性が、元気な子を産むためならなにも厭わぬと思った矜持まで浮かび上がってくる。

　ここでちょっとした魔法が、美味しいラプンツェルを育てるのに必要となる。その風味と栄養素は、栽培方法によって格段に違ってくる。秘訣は腐植質をほどよく施すこと。また薬草としては、秋に収穫したものは特に糖分とフェノール類を豊富に含むことが分かっている（Koltonほか、2008年）。魔女ゴテルがそうしたように、ラプンツェルは慈しんで慈しんで育てるほどに、輝きをぐんぐんと増してゆく。

　グリム童話の最後はハッピーエンド。ただし子ども向けのハッピーエンドではない。しかも魔女は死なない。それがたまらない。

スイカズラ科
オミナエシ属

ラプンツェル
（マーシュ）

Valerianella locusta

原産地	地中海沿岸
栽培の歴史	300年以上
性　質	1年生
花　期	4〜6月

暮らしぶりと性質

畑を抜け出して、野生化するのがとても大好き。勝手に育つが有機肥料を与えるとご機嫌になって美しく育つ。コンパクトなお野菜なので付き合いやすい。

特記事項

フランス、オランダ、ドイツ人は格別にこの野菜の風味を熱愛する。ドイツでは重要野菜のトップ3に君臨。海外ではCorn salad、Lamb's lettuceとも呼ばれ、1年を通して栽培される。若い葉と花が摘まれ、サラダで愉しまれている。

ラ プンツェル（マーシュ）
"魔女の野菜"のメルヒェン

　『グリム童話集』（金田鬼一／訳、岩波書店）は大学時代に揃えた愛読書。いまでは娘の寝物語で活躍している。「野ぢしゃ」（ラプンツェルの和名）の物語は、ディズニーの「塔の上のラプンツェル」とはまるで違い、過酷、壮絶、もちろん非常に難解。暗喩だらけの物語構造は、植物と博物学を愛する大人を魅了してやまぬ。

　一般に"マーシュ"として出まわっている野菜がある。これ、ラプンツェルのフランス名。日本ではフランス料理やイタリア料理でたまに目にするくらい。知名度は低いものの、日本の道ばたにも棲みつく身近な雑草であったりする。

　グリム童話では、このように話が始まる。とあるおかみさんが待望の子どもを身籠もったとき、自宅の窓から見える立派な畑にふと目を奪われた。そこは世間から恐れられている魔女ゴテルの野菜畑。どの野菜も美しく育っていたが、ラプンツェルを見た途端、おかみさんはまったく正気を失って「（あれが）食べられなきゃ、死んじまうわよ」と喚き続けた。困り果てた旦那が盗みに入る。二度目の盗みを働いたとき、魔女に見つかり、生まれてくる子どもと交換するなら許してやると言われ、旦那はやむなく承諾した。やがて生まれた娘はゴテルによって大切に育てられる、が……。

　ちなみに、魔女の出自には、いまも定説がない。語源としてはドイツ語の"賢い女"が有力視され、おもに"産婆"を指したという。薬草や経験医学を駆使して家庭医学に貢献したが、治療に失敗すると糾弾された。やがて教会が医業を資格制にして産婆を排除するようになると、"魔女狩り"が始まった（諸説あり）。ともあれ、魔女と身籠もった女性とともに、ラプンツェルは極めて重要な薬草としての歩みを続けた。

メロン（オレンジ系）の 機能性成分例

- SODなどの特殊抗酸化酵素類
- 糖類、ククルビタシン-β
- β-カロテン、カリウム

メキシコ産ハネジューメロン（オレンジ系）

- **ククルビタシン類**は、ウリ科の植物（メロン、キュウリなど）がこさえる、苦みのある物質として知られる。メロン類がこさえるククルビタシン-βは、カロテノイドなどとセットになるや、食べた動物に抗がん作用、抗うつ作用を示すほか、免疫系を刺激して活性化すると言われる。
- マスクメロン系で、果肉がオレンジ色や紅色の品種には、**β-カロテン**が豊富。
- さらに、豊富なミネラル類がチームになって代謝機能を補強。解毒・排毒などが進むため疲労感の軽減が期待される。こうした機能性成分に頼らずとも、美味しいメロンを食べるだけで気分は高揚し、会話も弾む。なんと素晴らしい薬草であろう。

愛すべきマクワウリ

日本では古代から愛されてきたマクワウリ。古くから土地ごとに守られてきた素敵な品種が、いまでもたくさん残されている。

ほとんどメロンの味わいのものから、漬物や炒め物で実力を発揮するものまで。旅先の料理が愉しみになる。日本に土着しているため栽培も簡単──と言われるけれど、失敗続きの筆者にはなんとも言えぬ。

'虎御前まくわ'

偉大なメロン、マクワウリの愛嬌

　メロンにはたくさんの種類があって、果肉の色も違う。含有成分も当然ながら変化する。マスクメロンに代表される果肉がオレンジのタイプは、研究界においてもっとも注目される。あの色味はβ-カロテンがとても豊富であることを示す。ミネラル類もカリウム、亜鉛、リチウムなどがたっぷり。苦み成分でステロイドの一種であるククルビタシン-β（cucurbitacin-β）と協働することで、がんの予防、抑うつ症の改善、免疫機能への刺激効果などが起こる（Lester、1997年）。さながら夢のような効果である。β-カロテンの含有量はメロンの大きさに比例する。そして同じ遺伝子をもったマスクメロンを育てても、良好な砂質土壌でやるより、やや粗い泥質の土壌で育てた方がβ-カロテンやミネラル分が増えたという（Lester. & Eischen、1996年）。

　ところで果肉が緑色のものはどうかというと、これまた有望。色味からしてβ-カロテンの含有量は少ない。代わりにミネラルやカリウムがたっぷりと含まれ、トータルで見た抗酸化作用はしばしばオレンジ色の品種より高いものが存在する（Szamosiほか、2007年）。その理由は――実はよく分かっていない。果肉の色によって含有成分に明らかな違いはあるものの、我々が期待する効能については「劇的に違う」とまでは言えない。

　さて、東洋にも伝統的なメロンがいる。マクワウリたちだ。地域ごとに品種があり、マスクメロンのように甘いものから漬物向けのサッパリ風味まで幅広い。筆者も栽培が簡単なマクワウリを育ててみたが、2017年は虫と雨にやられてあえなく全滅。マクワウリには美味しい品種が増えてきたので、ご家庭で愉しむなら、まずはこの種から愛してみるのも手である。

メロンの 機能性成分例

- SODなどの特殊抗酸化酵素類
- 糖類、ククルビタシン-β
- ビタミンC、カリウム、亜鉛

静岡県産高級マスクメロン　協力：益田賢治氏

- SODなどの酵素は活性酸素たちを次々と捕捉・分解する。メロンが古代から"薬草"として多くの疾患を癒やし、女性の美貌を支えてきたのはこうした抗酸化酵素、ビタミン類、豊富なミネラル類が協働して人体の補修と保護に活躍するためであろう。これももとを正せばメロンが自分自身を守るために調薬した特別薬。水不足、強い陽射し、外敵による危険にさらされると、機能性成分の生成量が一気に跳ね上がる。そして大事な果実の成長を急ぐために、外皮の成長が追いつかず傷だらけになる（下図）。栽培ではこの性質を利用する。

傷ついた分だけ強くなる

マスク（網）メロンはたっぷりの水で育てるが、成熟期になると注ぐ水を極めて少量にする。するとメロンは水分を大事な果実に集中させて、皮に亀裂が入るほど溜め込む。この傷を癒やし、侵入した病原菌を駆逐すべく、SODなどの成分を量産。網目模様はつまり、成長の苦労を物語る歴戦の傷跡なのだ。

協力：米川 武氏

協力：米川 武氏

ロン

荘厳なる抗酸化物質の大宮殿

　科学者がメロンに注目するわけは、強力な抗酸化作用にある。活性酸素（おもに4種類）、過酸化水素などは、皮膚や細胞の脂質（特に不飽和脂肪酸）にくっついては過酸化脂質となり、容易なことでは排出できなくなり、どんどん溜まってゆく。さらに活性酸素どもは細胞のなかへと無遠慮に闖入しては、細胞器官やたんぱく質たちの正常な仕事を決定的に破壊するという、悪辣な才を発揮する。美肌、柔肌も台なし、ご婦人の宿敵である。

　ちょっとややこしい名前であるが、スーパーオキシド・ジスムターゼ（superoxide dismutase：SOD）という救世主がいる。このSODはとてつもない抗酸化作用をもち、細胞のなかに活性酸素の一種（スーパーオキシドアニオン）があふれていても、SODが投入されるやたちまち10万分の1まで減少させる。この素晴らしい抗酸化作用は、トマトと比べた場合、なんと2倍から8倍にものぼる（特殊な抽出方法によって上下する）。我々が愛するマスクメロンは、このSODをこさえる大天才だが、SODができるまでの過程がとてもおもしろい。メロンの体が傷む必要がある。

　メロンが熟してゆくと、果肉のなかでは爆発的な酸化作用（老化現象）が始まる。細胞たちの新陳代謝が急激に低下し、大切な細胞膜すら傷つけてゆく。これを合図に、目まぐるしい化学防御反応が起きて、SODなどの抗酸化物質が激増する。

　あなたは思うかもしれぬ。「収穫期から日が経ってから食べるほど、抗酸化物質がたっぷり？」。答えは否。SODは食べごろの時期が一番豊富で、それ以降は日に日に減少する。当然ながら未熟なメロンには期待すべきSODなどの抗酸化物質ほぼ存在しない。メロンが自分を守る必要に駆られたときだけ増えてゆくのだ。

ウリ科
キュウリ属

メロン

Cucumis melo

原産地	アフリカ、中近東、インドなど（詳細不明）
栽培の歴史	3,500年以上
性質	1年生
花期	6～9月

暮らしぶりと性質

筆者が育てようとしたら、あっという間にハムシに喰われるわ病気になるわで、とっとと枯れた。農業書を読み漁ったら、「日本では夏でも室内で栽培しないと難しい」。とても納得した。

特記事項

メロンの起源には多説あって、アフリカからアジア各地に広がっている。日本にも、雑草系メロンやマクワウリが縄文時代晩期に育てられたとも言われる。世界各地で品種改良が盛んであるのは、美味で薬効が高いため。その実力は本格派。

メロン
ココロも蕩(とろ)ける美の薬草

　西洋において、メロンは美肌の夢を運ぶ。プリンストン大学が収集したケンタッキー州に伝わる話では、「とても奇妙な習慣がケンタッキーに伝わっている。それは皮を剥いたメロンの果実で顔をごしごしとやることで、シミやソバカスを消し去ってしまうというのだ」(Thomas & Thomas、1920年)。

　少なくとも紀元前1550～1300年のエジプトで栽培され(古代都市テーベの壁画に記録が残る)、古代ローマ社会では野生のメロンのタネを優秀な薬剤とした。その意味するところはサッパリだが、シロウトがメロンのタネを採るのは大変危険とされた。

　「(タネを採るには)まだじゅうぶんに熟さぬうちに(果実を)切り開かないと、種子が噴出して目を痛めることさえある」

　このタネから作ったエラテリウムなるものは、妙薬とされ、ひとたび調剤すれば200年はもつのだという。エラテリウムが真価を発揮するのは調剤してからなんと3年後で、サソリの解毒薬、下剤、シラミなどの寄生虫、水腫などに用いられ、ハチミツや古いオリーブ油と混ぜたものは、扁桃腺炎、気管支炎を治すと思われていた。このほかタネと果実は、皮膚病、湿疹、痛風、腎臓病に効くとされ、「日なたで顔に塗ると、ソバカスやシミを取り除く」と大プリニウスは述べる。そうなのだ。この処方箋は近代まで生き残り、現代科学も同じ研究を続けている。

　あの甘く、かぐわしいメロンに、素晴らしい夢が詰まっているというのだ。現代的な適応症を簡単に述べれば、がん(特に消化器系)、心臓病、腎臓病である。さらに皮膚病の予防・改善、化粧品の基材として活用され、食品の酸化防止剤としては特許が取得されている。メロンはいまもなお断然薬草なのである。

ホウレンソウの
機能性成分例

- シュウ酸、硝酸
- ビタミンA、B6、C、カルシウム
- 葉酸、GABA、鉄、亜鉛

果実のなかのタネ

- **シュウ酸**は体内のカルシウムイオンを奪い去ることで、神経系や筋肉などの働きを邪魔するほか、結石の原因となる。
- **硝酸**はホウレンソウが好んで集めて溜め込む物質。人体に入ると亜硝酸塩に変化して、発がん性物質のニトロアミンを生成する。これらの有害物質は調理の基本(左頁)を守ることで大幅に減らすことができる。
- **ビタミンA**はブロッコリーの4倍、キャベツの170倍。**鉄分**はキャベツの9倍(食品分析表)。**カルシウム、亜鉛**などのミネラル分もたっぷりで、これらの吸収を助けるビタミンB6までついてくるから、疲労回復にはうってつけ。あげく葉酸やGABAが体内機能を調節してくれる。

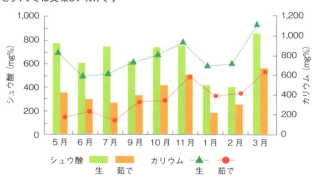

どうりで冬は美味しいわけです

→ 生育が盛んな時期は外敵も多い。シュウ酸をたくさんこさえるが、自分自身で中毒を起こさぬようカリウムもたくさん吸収していることが分かる。野菜たちは季節や環境によって、仕事の内容を大きく変えて元気に生き抜く。

ホ ウレンソウ

美味しい秘訣は"5倍量"

　真冬、奇跡が起きる。有機農家さんから霜にあたったホウレンソウを貰う。噛むほどに心地よい歯ごたえと優しい甘みが口いっぱいに広がり「ああ！」。これほど美味な冬野菜は滅多にない。ミネラル分の宝庫で、葉酸（p.183）もたっぷり（葉酸はホウレンソウの葉から発見された）。ぜひとも末永く付き合いたい友人である。

　美味しく食べるにはシュウ酸をなんとかせねばならぬ。その含有量は「季節ごとに違うのではなかろうか」と調べた研究が右図。結果、これまた奇妙なことが判明する。

　春から夏にかけて、ホウレンソウはたっぷりのシュウ酸を合成する。これを収穫してお湯で茹でると50％ほども減少した。

　しかし冬から春は、夏場の半分くらいしかシュウ酸をこさえなかった。ところがどうであろう、同じ方法で茹でたところ20％ほどしか減らなかった。もともと少ないので味はよいが、考えるほどに不思議な話である。

　料理本では「たっぷりの水で茹でる」とあり、たっぷりがどれくらいかはよく分からない。和泉眞喜子氏らの研究（2005年）では、ホウレンソウの分量に対して5倍量から20倍量までの水で茹でてみたところ、シュウ酸がそこそこ抜けて、なおかつ試食者が「美味しい」と思えた最適は「5倍量であった」とする（水量が多いほどシュウ酸を多く取り除けるが、味わいは残念になる）。5倍量の水で1分ほど茹でたら、ただちに5倍量の水に1分間ほどさらす。その後、水を捨てて新しい5倍量の水に4分間ほどさらすとなかなかよかったという。ご家庭では、だいたいでよろしい。

　ところでホウレンソウにはオス株とメス株がある。花が咲くまで区別不能で、咲く前にすべて収穫されるので誰にも分からない。

ヒユ科
ホウレンソウ属
ホウレンソウ
Spinacia oleracea

原産地	アフガニスタン周辺
栽培の歴史	1,500年以上（詳細不明）
性　質	1〜2年生
花　期	5〜6月

暮らしぶりと性質

基本的にやたらと頑丈だが、美味しくなるよう育てるのは意外とむつかしい。暑いのが苦手で、気温25℃を超えると一気にぐったりする。寒いのは得意で、霜にも負けぬ。

'日本ほうれん草'の花

収穫期の'日本ほうれん草'

'日本ほうれん草'の若苗

特記事項

古代ペルシア周辺で栽培が始まった。日本には16世紀ごろにやってくる。日本人の好みに合わず、400年もの間は市井の人々から見向きもされない。1930年代に改良された品種がようやく好みに合い、「栄養豊富」と宣伝されて人気が急上昇。

ホウレンソウ
"急募カルシウム"の命がけ

　「ミネラル豊富な健康野菜」と人気を誇る。なにゆえミネラル豊富であるのかといえば、連中はそうしないと中毒を起こしてしまうから。ああ見えてホウレンソウはかなり必死なのだ。

　独特のエグみで嫌われることも多いが、シュウ酸がその代表的な旗手を務める。一般に思われているよりずっと毒性が強い物質で、摂取した動物は体内のカルシム分を片っ端から奪われ、神経系に異常をきたし、あるいはあちこちで結石となり、痛みで悶え苦しむ。ホウレンソウは、すると立派な毒草とも言える。シュウ酸を豊富に蓄積できる植物は意外と限られる。なぜなら植物自身が中毒を起こすからだ。ひとまず「捕食者から自分を守る」という"大事だいじ"な理由もあるけれど、実際には喰われる前に自家中毒を起こし、生育不良にあえぐ顔ぶれが多い。いやはや。

　ひとまず大量に作られたシュウ酸の一部は、根っこから分泌される。ただ排出しているだけにも見えるが、極めて有害なアルミニウムを無毒化しているのだ。酸性に傾いた土にはアルミニウムが溶けて存在する。根っこがこれを吸収するとただちに細胞分裂が阻害され、発育が停止する。もしシュウ酸がアルミニウムと結合すると、根に侵入されづらくなるのだ。さらには土壌中に微量しか存在しないリン(開花や結実に不可欠な物質)を、シュウ酸でもって溶かし、集め、吸収できるようにしている。

　がしかし、連中はシュウ酸を作りすぎるきらいがあって、これが溜まると発育が止まる。仕方なしにホウレンソウたちは土壌からカルシウムとカリウムを必死にかき集めては、余計なシュウ酸と結合させて黙らせている。健康に育ってもらうにはカルシウムの補充が欠かせない。

カリフラワーの
機能性成分例

- スルフォラファン
- S-メチルメチオニン、GABA
- ビタミンC、E、K、クロム、鉄
- β-カロテン、カルシウム

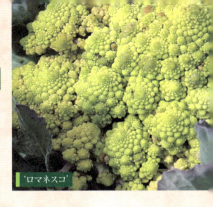

'ロマネスコ'

● カリフラワーたちの仕事ぶりは、ほとんどブロッコリーと同じ。つまり多くの人々に嫌われながらも、特殊機能成分はてんこ盛り。色彩や形態はブロッコリーよりずっと変化に富んでいて、料理に添えればぐっと華やぐところが魅力である。料理という点では、ブロッコリーは加熱時間を失敗しがち。グズグズになると暴力的なマズさで襲い掛かってくるが、カリフラワーはひどい失敗は少なめで安心。

近年の西欧料理のブームにのって、多彩な品種が店先に並ぶ。現代の豊富な品種は、ドイツやデンマークで作出された祖先をもつものが多い。日本にやってきたのはブロッコリーよりずっと古くて明治維新ごろ。この時期に7種類も導入されたというから驚きである。

意外な美味で

カリフラワーを久しく食べていないが、記憶の奥底で抵抗感が滲んでいる……。そんな方にはカリフローレをお勧めしたい。市販の手軽な蒸し器を使って電子レンジでチン。マヨネーズやお好きなディップで愉しんでみる。この品種は茎が美味。食感は軽快。優しい甘みとクセのない豊かな風味は抜群。

'カリフローレ'

ブ ロッコリーの仲間

大きくなってうっすらうっすら

　カリフラワーの歴史は古く、紀元前540年ごろまで遡る。人間は綺麗で大きなお花をこよなく愛する。しかし、よく行くスーパーでも、カリフラワーがどこに置いてあるかなぞ憶えている人はいない。憶えていても「あのへんだったかしら」とうっすらした印象しかない。ド派手で巨大花を愛する欧米人にとってもこれは共通するようで、目立った伝承もなく、驚くような称賛もない。むしろ各国で行われる「嫌いな野菜トップ10」に入っては、「ああ、やっぱりね。カリフラワーはね、ちょっとね」などとヒソヒソ言われることが多い。

　育てると分かるが、どっしりと構えた流麗な茎葉に、繊細な芸術品を思わせる巨大な蕾の群れを現出させてはガーデナーを唸らせる。よほどのやりくり上手でもなければ、あれだけ見事に育つことはできぬ。事実、カリフラワーはあらゆるストレスから身を守る特殊機能成分の貯蔵庫と化している。栄養学的には極めて高い評価を受けるも、ケールやブロッコリーには後れを取ってしまい、その存在感がどこかうっすらしてしまう。

　花がでっかくなったのが実によくなかった。味わいもうっすら。スーパーから家に持ち帰ったまではよいが、料理の段になってハッと我に返りゾッとする。これを食べ切る自信がない。バーニャカウダーが流行した折、カリフラワーの仲間がそのおこぼれに与って大人気の食材になった。もちろん廃れるのにさほど時間を要しなかった。レストランでちょんもり盛られたロマネスコという美麗な品種は、家で調理するとぎゃっと呻くような分量となって聳え立ち、数日にわたって家族を脅迫し続ける。腹はふくれ、体にもよいのに、ありがたみがなぜかうっすらうっすら。

ブロッコリーの 機能性成分例

- スルフォラファン
- S-メチルメチオニン、GABA
- ビタミンC、E、K、クロム、鉄
- β-カロテン、カルシウム

- スルフォラファンは、生命維持のカギを握る、たくさんの機能を活発にする特異な物質。アブラナ科植物たちは、体に危険やストレスを感じると身を守るためにこれを増やす。これを摂取した動物たちにも同じような恩恵をもたらすのだから、とても嬉しい。
- S-メチルメチオニンは、胃潰瘍などの改善や予防に活躍する。
- GABAは、さまざまなストレスで生じた体内異常を改善・保護する。
- ビタミン類、カロテノイド類など優秀な抗酸化成分も豊富にこさえ、まさに栄養と特殊機能成分の要塞であるかに見える。とはいえ苦手なら無理に食べる必要はない。ほかの野菜を組み合わせれば、ことは足りる。科学的根拠は希薄だが、野菜はおもしろがって食べるとよく効く。

そして嬉しい60℃

ブロッコリーが含むスルフォラファンの濃度は、温度によって変化する。右図は各温度で測定した実験結果。温度が高いと濃度も高く、特に60℃での濃度が突出。それ以上は激減の一途を辿る。

つまり長すぎる加熱は損失をもたらすし、そもそもマズくなる。

別の研究はビタミン類、カロテノイド類、ミネラル類は、茹で調理よりも電子レンジ加熱において、損失が非常に少ないと報告する。

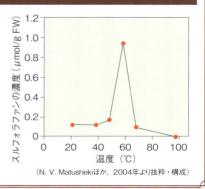

(N. V. Matushekiほか、2004年より抜粋・構成)

ブロッコリーの仲間

難攻不落の栄養要塞

　ブロッコリーの調薬能力は凄まじい。ビタミン類だけでもC、E、Kが豊富で、胃潰瘍を防ぐS-メチルメチオニン、抗ストレス薬にもなるGABAもふんだんにこさえる。世界中の研究者はとりわけスルフォラファンという物質にすっかり魅了されている。

　ブロッコリーは強い環境ストレス（水の過不足、高温、包丁による攻撃など）を受けると、細胞からグルコシノレートの放出を開始する。その一部が、高い抗酸化作用をもつスルフォラファンとなって拡散され、修復を急がせる。動物に対しても同じ機能を発揮することが分かった。ヒトの各細胞には特殊な防衛隊や修復部隊が常駐するが、スルフォラファンは、連中のスイッチをオンにしてまわる。すると攻撃・防御・修復システムが一斉に活発化するのである。

　具体的には高い抗酸化機能を発揮しつつ、肝臓の解毒機能（第2相）を活発化させ、さまざまな発がん性物質の無力化を促進する。脳に辿り着いた連中は、血管や神経細胞の補強・修復を進める。心臓や腎臓でも傷ついた細胞を修復し、保護機能を強化させる（Guerrero-Beltránほか、2012年など）。とにかく行く先で異常があれば、もとに戻そうとする機能を奮起させるのがスルフォラファン。あまりにも素晴らしいので、巷では誤解が多い。

　これまでの報告例はマウスやラット、ヒト培養細胞などで研究した結果。あなたが効果を実感できるかどうかは未解明。

　自分で検証してみたい方には朗報がある。すでにブロッコリーがこさえたものを効率よく摂取するには、意外にも加熱がよい（右図）。アブラナ科の野菜（キャベツ、ケール、カリフラワー、ダイコン）なども生成を得意としているので、ぜひ夕餉（ゆうげ）の一品に。

アブラナ科
アブラナ属
ブロッコリー

Brassica oleracea var. *italica*

原産地	地中海沿岸
栽培の歴史	2,000年以上
性　質	1〜2年生
花　期	3〜6月

暮らしぶりと性質

ただ育てるなら植えるだけで大丈夫。いくらか生活圏を整えてあげれば、それは見事に育ってくれる。見た目はひどく武骨だが仕事は完璧（次頁）。

特記事項

世界中の子どもたちから、酷評を一身に浴びている。筆者も箸で弾いていたクチである。日本に入ってきたのがいつなのか、実はよく分からない。昭和25年（1950年）ごろから栽培が始まると、生産量は急増。消費量は近年も増え続けている。

ブロッコリーの仲間
あたし、こだわってますから

　その栄養価の高さと、素晴らしい機能性成分の豊富さで一躍有名になった感のあるブロッコリーたちではある。一方で、苦手な人からすれば「煮ても焼いても叩き切れども、ブロッコリーはどこまでいってもブロッコリー」であり、あのぶかぶかした愛想のない食感、生ぬるいような青っぽい風味にゲンナリする。「あればあったで、なけりゃあないで」的な宙ぶらりんな存在であるにもかかわらず、いつだって野菜売り場に我が物顔で陣取っている姿は、ちょっと不思議といえば不思議な話ではなかろうか。

　ブロッコリーの原型は古代ローマまで遡る（*ENCYCLOPÆDIA BRITANNICA*）。和名をハナヤサイというのは、花の部分を食べるからであるが、厳密に言うとブロッコリーは花の蕾と茎を食べる。なぜここで厳密さが必要になったかといえば、つまりそれこそが花の蕾だけを食べるカリフラワーと断然違うから。別の言い方をすれば、それ以外の違いがない。

　ブロッコリーを育てるのはわけのない仕事で、家庭菜園で愉しむ人が大変多い。しかしこの場合、医師や栄養士が絶賛する機能性成分はたいして期待できないというのが現実。ブロッコリーたちは、与えるけれど、その前にまずは求める方々である。

　やや酸性の土壌をブロッコリーたちは好む。なのに酸性のままだとうまく成長できない。仕方がないのでカルシウムを与える。カルシウムが多すぎると今度はマグネシウム欠乏症を起こすので、あらかじめマグネシウムも与えてやらねばならぬ。これでどうにか根っこは健康に育ち、ミネラルなどを集め、我々が期待する薬の調製に汗してくれるようになる。

パプリカの
機能性成分例

- カプサンチン、カプソルビン
- その他カロテノイド類
- ビタミンA、C、E

'パプリカ'

'カラーピーマン'

- カプサンチン、カプソルビンはβ-カロテンよりもずっと高い抗酸化作用、抗がん作用、抗炎症作用をもつため、生活習慣病予防に有望視される。また善玉コレステロールを増やして悪玉を駆除する作用も示すので、血栓による各種疾患の改善・予防効果が期待される。

- カラーピーマンと同様に、色彩によって**カロテノイド類、ビタミン類**の含有量が異なる。カロテノイド類とビタミンCの含有量は、「赤＞オレンジ＞黄」となる。調理による損失がほとんどないのも、ピーマンと同じ。

- タネには、有益な脂肪酸類が豊富（下図）。筆者は捨てずにそのままサラダなどで食べている。

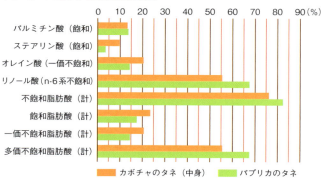

タネにたっぷり含まれる重要な脂肪酸類

＊重要な脂肪酸といえども過剰摂取はかえって心疾患のリスクを高める場合がある。

（El-Adawy&Taha、2001年より抜粋・構成）

ーマンの仲間

食べる肥満改善薬

　カラフルなピーマンやその仲間のなかでも、さながら工芸品がごときパプリカたちの見事な（いささかわざとらしいほどの）ツヤと色彩は、健康美を追求する人々に少なからぬ啓示をもたらす。

　あの分厚くて甘みのある果皮はカプサンチン（capsanthin）やカプソルビン（capsorubin）という赤い色素が豊富な証左である（トウガラシにも含まれる。辛み成分のカプサイシンとは別物）。とても高い抗酸化作用、抗がん作用、抗炎症作用をもつために多くの研究が進行中で、近年ではHDL-コレステロールの血中濃度を上げる作用も判明した（K. Aizawaほか、2009年）。コレステロールといっても善玉の方で、HDL-コレステロールは血管組織にへばりつき、たむろする悪玉コレステロールどもを速やかに解散させるという素晴らしい仕事を成し遂げる。

　さらにはパプリカに含まれるカロテノイド類が、人間の肥満防止に期待できる効果を示したという研究もある（Maedaほか、2013年）。肥満原因のひとつに、緩やかに続く全身の炎症がある。パプリカの高い抗炎症作用がひと肌ぬいでくれるというのだ。

　もうひとつ、料理のときに問答無用で捨てられてしまうタネに注目した研究がある。カボチャのタネ、スイカのタネは、ミネラルや不飽和脂肪酸がたっぷり。中東やアフリカ大陸ではスナックとして愉しまれるほか、タネを搾って調理油にする。これらとパプリカのタネを比較するとパプリカのタネはまるで遜色なし。

　さてパプリカ、カラーピーマン、ピーマンとあるが、その違いを知る人は少ない。パプリカはカラーピーマンの一種で果肉が厚く大型になる品種。カラーピーマンはピーマンが完熟したもの。とどのつまり基本的には一緒で、品種と収穫期が違うだけである。

ピーマンの 機能性成分例

- ルテオリン、ケルセチン
- カプサンチン、カプソルビン
- ビタミンA、C、E、葉酸

'カラーピーマン'

- **ルテオリン**を生成できる植物は非常に限られており、貴重な成分である。最近では抗アレルギー作用（花粉症、ぜんそく、食物アレルギー症状の緩和）が注目される。抗酸化作用、抗がん作用、そして肝臓の解毒機能を高めるほか、別の植物から抽出されたものでは抗不安作用、抗うつ作用まで期待されている。緑色のピーマンがもっとも豊富に含むが、季節によって大きく異なる（下図）。
- **ケルセチン**は脂肪分解促進作用、抗炎症作用、血圧を下げる作用などが知られる。ありがたい物質だが、体に吸収されづらい一面をもつ。
- **ビタミン類**の含有量は色彩、つまり収穫期によって異なる。緑のピーマンはルテオリンが多く、完熟した赤色のピーマンはカロテノイド類が多い傾向にある。

ルテオリン含有量の季節変化

＊上図は「緑色のピーマン」を検査したものの一例。
晩秋から冬にかけて含有量が増えてゆくのはとても興味深い。

（井奥加奈ほか、2005年より構成・補足）

ーマンの仲間

神経と免疫を鎮めるルテオリン

　ルテオリン(luteolin)という物質はとっても魅力的。フラボノイドの一種で、その作用が実に輝かしい。肝臓の解毒機能を大いに助け、とても高い抗酸化作用、抗がん作用、抗アレルギー作用が知られる。フラボノイドとは、植物の全身に見られる物質で、およそ9,000種類以上も知られている(榊原啓之ほか、2012年)。

　なかでもルテオリンは突出した抗アレルギー作用があり、花粉症、ぜんそく、食物アレルギー症状などの改善に期待が高まる。食用菊の一種から抽出されたルテオリンでは、神経細胞の保護機能や、抗不安、抗うつ効果が見られたとする研究もあるなど(マウスでの実験:土屋 早ほか、2014年)、八面六臂の大活躍が期待されている。

　中身すかすか、人気もうっすらなピーマンは、このルテオリンをはじめとする多彩なフラボノイド類を、あの分厚い面の皮にひっそりと溜め込んでいたわけである。油で加熱調理しても95%が残存する(井奥加奈ほか、2005年)。とはいえ、ルテオリンの含有量は季節によってかなり変化する。そればかりか環境、品種、栽培方法によって「まったく違ってくる」。

　ルテオリンは緑色の未熟なピーマンにたっぷり含まれ、成熟するにつれて減少する。代わりにビタミンCとカロテン類が激増する。オレンジ色のものはわずか6分の1個で1日に必要なビタミンCを供給するという。赤色のものはカロテノイド類の権化となり、緑色のものより3倍も豊富になる。オレンジ色でも赤色でも、緑色のものに比べて苦みが減り、甘みが増す。

　ちなみにフラボノイド類は無農薬栽培すると増えたという研究もある。自宅で手塩にかけて育ててみるのも愉しい。

ナス科
トウガラシ属
ピーマン

Capsicum annuum

原産地	中央アメリカから南アメリカ
栽培の歴史	240年以上
性　質	1年生
花　期	5～9月

暮らしぶりと性質

基本的には頑丈で、家庭での栽培も簡単。有機堆肥をしっかりあげれば、一株で50個以上もの"成果"を上げる。品種も多彩。育てていると、結構可愛く見えてくる。

協力：岩崎充利・民江氏

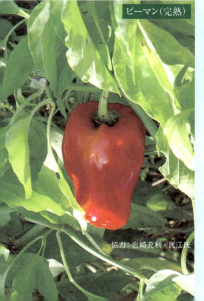

ピーマン（完熟）

協力：岩崎充利・民江氏

特記事項

1774年に、現代の品種に通じる品種、ベルが誕生。それ以前から、辛みが少ないトウガラシは存在していた。国や地域ごとに呼び名が違うこともあり、ピーマンの語源は明らかになっていない。日本では第二次世界大戦後から消費が激増。意外と人気があるのだ。

ピーマンの仲間
ビタミンCでノーベル賞

　ピーマンの持ち味は、艶やかな緑色、快活な歯ごたえ、そしてひときわビターな味わい。ピーマンが緑色なのは未熟なうちに収穫するからで、完熟させればパプリカみたいに鮮やかなオレンジに輝く。完熟した方が甘い。でも未熟果には大きな魅力がある。

　あのパリッとした果皮は、かんきつ類を上回るビタミンCの宝庫である。そもそもビタミンCは、もともとピーマンから発見され、のちのちノーベル賞の歴史にその名が刻まれた。とはいえ多くの子どもたちがその可愛らしい眉間にしわを寄せ、あるいは悲鳴を上げ、偉大な母親に無駄な抵抗を試み、逃れようとするあの渋い苦みは、普通、ピーマンを切り刻むことで劇的に増えてゆく。ピーマンの成分が酸素に触れることで苦くなるのだ。ゆえに「食べやすく、わざわざ小さく切ってあげたのよ」という心遣いは、ピーマン嫌いの子どもにとって拷問（ごうもん）に等しい。加熱すると苦さが和らいでゆくが、特に丸ごと加熱すると甘みが残り、食べやすくなる。炒める前に丸のまま茹でておくというアイデアも好評である。

　ピーマンが苦いのはどうしようもない。15世紀末の大航海時代、コロンブス一行が胡椒を求めて新大陸に辿り着くも、どうやっても見つからず、代わりにトウガラシを持ち帰る。火を噴くような辛さにヨーロッパ社会は驚いたが、好奇心の権化である植物屋どもは、さっそく洗練された農芸技術を駆使して、あまり辛くないトウガラシをもとにピーマンとパプリカを生み出した。つまり現在のヨーロッパでは、ピーマンとパプリカといえども辛い品種がある。日本で見かける甘いパプリカやピーマンのほとんどはアメリカで品種改良されたものだが、苦みや辛みが少なからず残っている。ヨーロッパ種を自分で育てると、これまた違う味わいが愉しめる。

シュガービート(甜菜)の
機能性成分例

- ベタニン、ベタインほか
- 糖類(スクロース、ラフィノース)
- カリウム、マグネシウム

写真提供:青空マルシェ

● ベタインは、特有の甘みと旨みをもつと言われるが、厳密には苦みをもつ物質。このうちグリシンベタインが甘みや旨みを人間に与える。ビートルート、ホウレンソウ、スイスチャードもベタインを豊富に生成するが、これは環境ストレスに耐えるため。強烈なストレスを受けると、これらのミトコンドリアは大急ぎでベタインを調合し、細胞内に蓄積させ、組織の機能を守護する。これを我々が食べれば似たような機能を発揮して、肝臓や腎臓機能を補強するほか肝脂肪を減らす(Craig、2004年など)。この素晴らしい良薬はとても甘く、サトウキビから採れる砂糖の甘さと肩を並べる。人類が必要とする、莫大な砂糖需要の重要な一角を担う。一度、味わってみてはいかがだろう。

糖分量は毎年違う

農作物は工業製品ではないために、品質が一定しない。とりわけ甜菜は、害虫被害や疫病などが発生すると、著しく機能性成分が減少する。その点はよく研究されており、理解が広がっている。右図で糖分量が落ち込んでいるのは、甜菜たちが疫病などとの闘いに疲れて、ぐったりしていた年である。

一方、近年になって、栽培を始める農家やガーデナーが各地で増えている。世界に目を向ければ、多数の品種があり、食べ比べる愉しみも増す。しかし疫病が多い年は、入手できる品種が制限されてしまう。

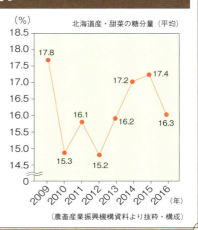

(農畜産業振興機構資料より抜粋・構成)

ートの仲間

その旨み、エビタコイカ級

　ナポレオン戦争が終結すると、事態はまたもや急変する。なにが起きたかといえば、サトウキビ由来の砂糖の輸入が再開され、市場へ雪崩れ込むや、価格は大暴落。苦労してシュガービートを育て、精製する必要がなくなり、農場や工場は次々と閉鎖に追い込まれた。奇妙なことに、日本でも国家が主導していくつもの甜菜（シュガービート）糖工場が設立されたが、やはり次々と閉鎖されてしまう。精製技術や生産ラインの維持がそれほど大変だということであるが……。

　現在、すっかり退廃したかといえば、そんなことにはなっていない。砂糖の世界市場でシュガービートの占める割合は実に35％を超える。日本国内でも砂糖消費量のうち25％を甜菜糖が占める。甜菜糖に馴染みがない方も多いと思うが、知らぬ間にお世話になっていることも多い。

　さて、シュガービートの糖分にはベタイン（betaine）という特殊な成分が含まれる（前出レッド・ビートルートも、これとベタニンなどを含む）。これが実におもしろい。エビ、カニ、タコ、イカなど、海産物に特有の、あの魅惑的な旨み成分の元締めである。甘くて、コクがあり、どうにもあとを引くあの旨み――それがどういうわけでか陸上の植物がこさえるのだから、おもしろい。

　ベタインは吸湿性・保湿性に優れるため、女性の美容用品に応用される。胃の酸度調整機能もあるので、医薬品としても大いに活用される。

　さらに前出チャードやビートルートの豊富な栄養分をも引き継いでいるのだから、これほどありがたい野菜もないわけだが――そう、なぜか広く知られていない。誰かの陰謀だろうか。

ヒユ科
フダンソウ属

シュガービート
（甜菜）

Beta vulgaris ssp. *vulgaris*
var. *altissima*

原産地	ドイツ
栽培の歴史	200年以上
性　質	2年生
花　期	7〜9月

暮らしぶりと性質

基本的には頑丈だが、病気の発生も多い。しっかりと甘く育てるには、窒素肥料などをこまめに追加しながら手塩にかける必要がある。北海道で商業栽培が盛ん。

写真提供：青空マルシェ

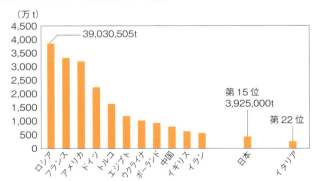

各国のシュガービート生産量（2016年度分）

（万 t）

39,030,505t

第15位
3,925,000t

第22位

ロシア／フランス／アメリカ／ドイツ／トルコ／エジプト／ウクライナ／ポーランド／中国／イギリス／イラン／日本／イタリア

（FAO〈国連食糧農業機関〉資料より抜粋・構成）

ビートの仲間

アンドレアスとフランツの奇跡

　ビートの仲間には綺羅星のごとく、名声を馳せるものが多い。なかでもシュガービートの"甘さ"は抜群。古代・中世の人々が甘い甘いと小躍りして喜んだビートルートの場合、スクロース（ショ糖。砂糖の主成分）の含有量は4〜5％。西洋種のシュガービートはなんと20％に及ぶ。

　本種が誕生したのは、つい最近。その物語がまた劇的。

　18世紀の中葉、ドイツにアンドレアス（Andreas Margraff）という男がいた。化学者であった彼は、ビートルート（根茎が白いタイプと赤いタイプ）を調べていたところ、抽出物のなかにスクロースの姿を見た。それはサトウキビから得られるものと寸分たりとも違わない。当時、サトウキビから得られる砂糖は、庶民ではとても手が出せぬ法外な値段がついていた。アンドレアスは市井の人々に廉価な砂糖を供給すべく果敢な研究を続けるも、あらゆる面で難航。劇的な飛躍を見るには、それから50年後、彼に師事していたフランツ（Franz Kari Achard）の登場を待たねばならぬ。はじめからリサーチをやり直し、家畜用のビートを改良することで、糖分がずっと多いシュガービートの原型を創り上げた。そしてあらゆる経験やデータを惜しみなく公開したため、ヨーロッパ各地で改良が進み、糖の精製が可能になった。

　それから間もない1803年、ナポレオン戦争が勃発。フランスは敵国イギリスを混乱に陥れるべく海上封鎖に乗り出す。それがどうだ。悲鳴を上げたのはフランスで、海路から砂糖を入手できなくなった国民が激怒。国家としてフランツらの研究をもとにシュガービートの栽培・精製に血道を上げる。これは失敗続きとなったが、間もなく革新的な飛躍を遂げ、いまに至る。

ビートルート(テーブルビート)の

機能性成分例

- ベタレイン類(ベタシアニンほか)
- 糖類(スクロースほか)、葉酸
- 亜鉛、鉄、ビタミンB_6

'ロートクーゲル'

- ベタシアニンには高い抗酸化作用がある。その実力はルチンの約1.5倍、カテキンの約2倍、ビタミンCの約3倍。ベタニンはベタシアニンの一種で甘みや旨みがある。チョコ、アイスなどの菓子類の色づけや風味づけで活躍する。抗がん作用、発がん抑制が知られている。

'デトロイト・ダークレッド'

- 糖分や機能性成分の含有量は、品種によってバラつきがある。世界中に多くの改良品種があり、機能性成分が少ない品種でも、食感や育てやすさの点で優秀なものも多い。

- 若葉も世界各国でサラダ野菜として愉しまれる。肥大根よりは少ないが、ベタレイン類、糖類、ミネラル類が含まれている。

収穫期(直径5~6センチ)における色素含有量の違い

肥大根のベタレイン類含有量 (mg・$100g^{-1}$FW)

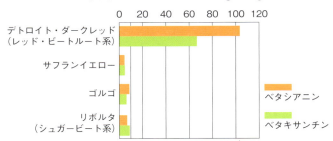

(渡 萌恵ほか、2017年より抜粋・構成)

ビートの仲間
紅の甘美な腫瘍キラー

　ヨーロッパの長い長い歴史のなかで、ビートルートの根を搾った汁は、下痢、カゼ、発熱、頭痛、潰瘍にとてもよいと支持されてきた。ひときわ大切にされた品種があって、それは根茎が赤紫色になるレッド・ビートルート。古くから潰瘍の治療に効果的と言われ、近年はがん治療薬としての有効性について精密な研究が続けられている。

　レッド・ビートルートの赤い色にはベタレイン類（betalains）のベタシアニン、ベタキサンチン、ベタニンなどが含まれる。これらが多臓器腫瘍に効果的だったことは動物実験で知られてきた。今度はヒトのがん細胞を増殖させて実験したところ、ベタニン（Betanin）などが、がん化した細胞に対して細胞毒性を示すことが分かってきた。ただ、既存の抗がん剤（ドキソルビシン）に比べると抑制効果は著しく低かった。抗がん剤と上手な併用を模索する価値はある（Kapadiaほか、2011年）。

　もうひとつ。まず実験用ラットに、あらかじめレッド・ビートルートの抽出液を経口投与する。それから発がん性物質を投与すると、当然ながら皮膚がんや肝臓がんを発症するが、あらかじめレッド・ビートルートを服用していた場合、そうでないラットと比べたときに細胞のがん化が確かに抑制されていることが分かった（Yasukawa、2011年；Kapadiaほか、2003年）。

　欧米の家庭では、ビートとほかの野菜のミックスジュースやベジタブルワインを手作りして愉しむ。ビートルートの根とニンジンを組み合わせたワインは、官能試験（ヒトの五感を用いた検査）でグレープワインよりも好まれた（V.Kemprajaほか、2011年）。アルコール度数は10度。薬効も期待でき、心地よく酔える。

ヒユ科
フダンソウ属

ビートルート
（テーブルビート）

Beta vulgaris ssp. *vulgaris*
var. *vulgaris*

原産地	地中海沿岸
栽培の歴史	1,900年以上
性　質	2年生
花　期	7〜9月

暮らしぶりと性質

芽だしのころから美しい。育てるのはとても愉しい仕事である。冬の寒さにもよく耐え、紅い葉を茂らすが、どうしても根が太ってくれない。筆者は目下、失敗続き……。

'ゴルゴ'

'キオッジャ'　'ゴールデン'
'デトロイト・ダークレッド'

特記事項

歴史は古く、2〜3世紀ごろに栽培が始まった。西欧では人気野菜で、スライスしてサラダで食べたり、煮物や炒め物にしたりする。日本での知名度や人気は低い。筆者は近所の野菜売り場でごく稀に見るぐらいだが、都心部には定番のように置く店もあるという（編集談）。都会はすごい。

ビートの仲間
甘い夢はビートにのって

「汝がもしもビートルートを食べる夢を見たならば、それは汝が抱える困難が消えうせ、そのあとで成功や繁栄に恵まれるしるしである」(Raphael [pseud.]、年代不詳)

このありがたい夢に与るには、まずもってビートルートがなにものであるのかを知る必要があるだろう。スイスチャード (p.80) の親戚だが、見た目はカブ。地味なカブ。株元が太って丸くなったのは、どうやら2世紀から3世紀のあたりらしい。当時の人々は熱狂したに違いない。齧ると甘い。とっても甘い。

食べ方は至ってシンプル。むしろ手の込んだ調理をするほど、わけが分からなくなるというのが真実である。まずカブっぽい部分を収穫したらば、生のままスライスし、少量のオリーブオイルや酢、塩で和えるか、スティック状に切り分けてマヨネーズで愉しむ。もしくはボイルしたものを主菜のつけ合わせとして副える。それだけ。

ビートルートの場合、ただ甘いだけでなく、とてもユニークな旨み成分を豊富に含む (p.156)。早くから薬用にされてきたが、15世紀の処方で、カゼによく効くお菓子の作り方が残されている。「まずセントーリー (センブリの仲間) をひとにぎり、そしてビートルートの根と葉をひとにぎり、クローバーの根をひとにぎり、アンブロース (キク科ブタクサ属の植物) をひとにぎり用意する。これらを粉末状になるまで挽いたら、まとめてハチミツと混ぜ合わせる。ちょうど大きなウォールナッツを半分に割ったくらいの大きさのボールに仕上げるのである。病気にかかったら、絶食し、1日にひとつ、これを食べる。これを9日間続ければよい」(Dawson、1929)。あなたは思う。「9日間もあれば、たいていの熱はひくだろうさ」と。異議なし！

パセリの機能性成分例

- アピオール、アピゲニン
- ビタミンC、E、葉酸
- 鉄、亜鉛、カリウム

- アピオールは薬効が高く、西欧諸国では古くから精油や錠剤が盛んに売られる。抗酸化作用をもち、消化機能を補助する一方で、強い刺激性を示す。特に女性の月経を引き起こす力が強いので、妊婦は避けるべきとされる。1930〜1958年にかけて、妊婦が錠剤を摂取し、大量出血と流産の末に死亡したとの記録も残る。当時のカナダ人医師は「危険事例は一般人が思っているほど少なくない」と警告する。

- アピゲニンは神経細胞の修復・再生を促進する。ヒト悪性腫瘍細胞を自滅させる機能も高い。特に白血病の一種、前立腺がん、結腸がんのがん細胞を効果的に攻撃することが分かっている（Horinakaほか、2006年）。セロリ、ピーマン、ニンニクもアピゲニンを好んで調合する。

特別感があるパセリの仲間

イタリアンパセリ（*Petroselinum neapolitanum*）は、柔らかな食感で食べやすく、生野菜のサラダの味をぐっと引き立てる。栽培もパセリに比べればずっと簡単。歴史も古代ローマ・ギリシア時代まで遡る。13世紀のアウグストゥス・マグヌスはパセリ類について「食材というより薬剤」と絶賛し、大事にされてきた。

パセリ

人生と神経は図太く永く

　パセリの成長はイライラするほど遅い。むかしの人は「タネを蒔いたら芽を出すまでに、地獄と7往復するからだ」と悪態をついた（この話にはバリエーションがあり3〜9往復まである。共通点は必ず奇数回であること）。ようやく発芽しても、ずっと小さなままで過ごす。イライラする。ひとたび株が充実すれば、収穫してもすぐに新芽を出してくれるけれど、セロリ（p.84）と一緒で、タネから育てるのはいらぬ苦労を背負い込むことになる。

　アピオール（apiol）はパセリやセロリたちが放つキョウレツな芳香成分の主人公で、女性に対して月経を促すことが知られてきた。古代から続く中絶薬としての名声も、実はこの成分のせいであったと言われる（食事として茎葉を通常摂取するなら妊婦に毒性はないとされる。中絶薬として利用されたのはタネや根っこ）。

　アピゲニン（apigenin）という物質などは、誰もが欲しがる作用が期待されている。マウスでの実験結果では、神経細胞の修復や再生を促進して、学習能力や記憶力の向上が見られたという（P. Taupin、2009年）。この成分はセロリたちも地味にこさえている。

　妊婦や赤ん坊の誕生に貢献したのは、ビタミンC、E、葉酸をたっぷりこさえ、ミネラル類の亜鉛、カリウム、カルシウムも豊富だから。鉄分は貧血を改善するほか、集中力を高め、作業効率の向上を助けてくれるが、その含有量は野菜界でもトップクラス。

　とはいえ我々は、パセリに対して露骨な好き嫌いを示す。実はパセリも同じなのだ。むかしから「家の主が育てれば元気に茂る。その他の家人がやると枯れる」と言われる。実験の結果、筆者がやったら2か月で枯れた。結果は自明であったにしても、えらい勢いであからさまに弱ってゆく様子には、さすがに頭にきた。

セリ科
オランダゼリ属

パセリ

Petroselinum crispum

原産地	地中海沿岸
栽培の歴史	2,300年以上
性　質	2年生
花　期	5〜6月

暮らしぶりと性質

水は好きだが毎日あげると根腐れする。陽当たりは好きだが乾燥に弱い（半日陰が必要）。栽培は簡単だと言われるが我が家では一度も大きくなれた試しなし。

タネ

特記事項

ヨーロッパには「恋をしている者はパセリを摘むな」との伝承もある。一方で古代から食欲増進、口臭防止、育毛剤にもなると盛んに利用された。薬効が高いタネと根は毒性も強いので安易な利用は避けたい。日本には18世紀前後に渡来。

パセリ
生誕そして終焉のシンボル

　ときには生命の美しい誕生を誘う聖母として、あるいは健やかな生命の樹を斬り倒す悪魔として——パセリは両刃の剣である。イギリス人はとりわけ多彩で不思議な口承を伝える民族だ。

　イギリスのガーデナーにとって、パセリは欠かせぬ仕事仲間。大事な野菜のまわりに植えれば病害虫から守ってくれ、タマネギ、トマト、アスパラガスとは特に相性がよい。バラのそばに植えればアブラムシを遠ざけ、花の芳香をいっそうかぐわしくする。

　ところがパセリのタネを蒔くのは「不幸を蒔くのと同じだ」という。ひとたび庭に植えたものを移植してひどい目に遭う事例は多い。1993年に採録された話として、とあるガーデナーが老齢の隣人から注意されたにもかかわらず、パセリを移動させた。「するとその3週間後、私は（とくに落ち度があったわけでもないのに）職を失い、飼っていた猫を誤って殺してしまい、そのうえかなりの額のお金まで失うという目にあった」（『イギリス植物民俗事典』）。

　パセリの根や苗を「譲ってもらう」ことも禁忌とされ、知らずに貰って家人が亡くなる、大病を患う、火災で財産を失うという話がいまもあとを絶たない。興味深いのは、広く禁忌と知られながら、渡す人がいて、貰う人が必ずいる、ということだ。これを避けるだけで災厄を逃れることができるなら、パセリはやはり素晴らしい啓示者であろう。なにしろ新しい生命を誘う象徴でもあるのだ。古くから「パセリのタネを蒔くということは、つまり赤ん坊のタネを蒔くことだ」との口承もあって、妊婦や赤ん坊の誕生にパセリはとてもよいとされる。これで話が終わると綺麗にまとまるのだが、パセリはとても有名な中絶薬。古代から近代に至るまで広く利用され続けてきた。

パースレイン・スベリヒユの

機能性成分例

- ノルアドレナリン、ドーパミン
- メラトニン
- カテキン類、ルテオリン

日本の道ばたのスベリヒユ

- ノルアドレナリンやドーパミンは、ヒトの神経伝達物質として知られる。パースレインは不思議なことにこれらを豊富にこさえて葉に溜め込む。中国で「長寿の野菜」と称賛されるのは、ノルアドレナリンによる免疫調節機能や抗酸化作用によるものと考えられている。

- メラトニンは、人間の睡眠を司るほか、極めて高い抗酸化作用を秘め、他の機能性物質の作用を相乗的に高める働きをもつため、人体の重要器官に集められている。パースレインも大切な葉にメラトニンを集中的に配備している。

- ほかの植物があまり作れない特殊成分をパースレインたちが合成できるのはなぜだろうか……。1990年代から多様な研究が行われているが、不思議は尽きぬ。

スベリヒユの花など

スベリヒユのタネ

未来のパワー・フードか

砂漠地帯でも平然と繁栄するパースレインたちは、上に挙げた成分のほか、カロテノイド類、ビタミンC、ω-3脂肪酸類、ω-6脂肪酸類などもほかの野菜に比べて豊富に蓄積する。未来のパワーフードになると多くの研究者が注目するが、一方で「どうやったら駆除できるかねえ」という研究も盛ん。

パースレインの仲間

つるっと美味しい天才錬金術師

　10万個——日本の駐車場の割れ目や畑地でスベリヒユと呼ばれ嫌われる雑草が、ひと株でこさえるタネの量である。スベリヒユはパースレインと同じ種族だ。発芽能力も好条件なら10年以上になるし、刈り取っても根っこが残れば再生し、刈り取った地上部をそのまま放置すると、切り口からうにょうにょと根っこを伸ばす。

　大変な雑草だが、栄養素や風味はパースレインと大差ない。ここ20年間の研究では、鎮静効果や抗炎症作用、骨格筋のリラックス作用などが知られる。ビタミンCに代表される抗酸化物質が豊富で、全草から抽出した多糖体の一種（polysaccharides）が血糖値や血液脂質濃度を調整し、肥満や糖尿病対策に期待されるほか、卵巣がんの発症を予防する機能が見られた（いずれもマウスでの実験）。ルテオリン（p.160）もこさえ、人間の神経伝達物質として活躍するカテコールアミン類（ノルアドレナリン、ドーパミン）も豊富で、神経系の調整作用や免疫系への賦活作用も注目される。さらにメラトニン（melatonin）の含有量も、ほかの野菜に比べて高い。メラトニンは睡眠ホルモンとして注目されがちだが、極めて強力かつ広範囲で活躍する抗酸化物質で、我々やミトコンドリアのDNAが壊されないように守備する親衛隊である。

　まだある。ω-3脂肪酸の一種、α-リノレイン酸も豊富だというのだ（以上、Gonnellaほか、2010年）。これは必須栄養素でありながら、人体では作れぬため、食事から摂る必要がある。

　あたかも食べる総合薬局だが、たくさん食べることまでは許してくれぬ。シュウ酸（p.170）も多いのだ。5分ほど茹でてもシュウ酸はたいして減らぬ。ところが酢で調理すると激減する。日本ではむかしから酢の物で愉しんできた。つるりとぬめって美味。

スベリヒユ科
スベリヒユ属

パースレイン

Portulaca oleracea

原産地	世界各地（熱帯・温帯）
栽培の歴史	4,000年以上
性質	1年生
花期	7〜9月

暮らしぶりと性質

育てるより、駆除する方がむつかしい野菜。栽培種は、野生種に比べて大きく育ち、食感も柔らか。こぼれダネで無節操に殖える。美味だから許せる。

アフリカ中央部・砂漠周辺種

特記事項

原産地はアジア、中東、ロシア南部とする説もある。イタリア南部では、1950〜1960年代に露店で販売されるほど人気があった。乾燥ストレスに対する耐性が尋常でないため、真夏のアスファルトの割れ目でも元気よく育つ。よかれ悪しかれ、節操がない野菜。

パースレインの仲間
制御不能なイカれた野菜

　中世アラビア世界では*baqla hamqa*と呼ばれた。英語にするとcrazy (mad) vegetable。いかに辛抱強いアラブ人といえども、際限なく殖えてゆく様子にため息をついたのだろう。

　フランス料理界ではプルピエ（pourpier）といった愛らしい名前で呼ばれ、美麗かつ高級なサラダや肉料理の大舞台で活躍する。紀元前4000年の古代エジプトで、薬用植物として利用していたと説く者もある（Candolle、1884年）。クレイジーと呼ばれながらも「とりあえず野菜」として扱われてきたパースレインたちは、世界各地の各民族が食用・薬用に重宝してきた。

　中東地域ではいまも利用が盛んで、全草を解熱剤、抗壊血病薬、消毒薬のほか、皮膚の炎症や口にできた潰瘍の治療に使う。なかでも媚薬効果や滋養強壮効果の評判が高い。

　パースレインは"緑色した掃除機"で、土壌のミネラルを爆発的に吸い上げてはしこたま溜め込む。亜鉛、鉄、銅、マグネシウム、カリウムなどは、滋養強壮や疲労回復を確かに助けてくれるし、これらの豊富な薬草や野菜がだいたいにおいて、媚薬として重要視されることは歴史的に多く見られる。

　パースレインの生命力は尋常でない。世界のほとんどを人間に頼ることなく勢力下に治めることができたのは、どれほど厳しい環境にも適応できる（あるいは身の回りの環境を心地よく改変する）生命機能にある。大乾季のサハラ砂漠周辺でも、可愛らしい花を咲かせているのを見た。気温さえ高ければ、ほんのわずかな水分だけで発芽し、切られてもむしられても再生し、数千〜数万ものタネを撒く。なにしろ全身が高機能成分のカタマリで、複雑な有機化合物をいくらでもこさえ、あらゆるストレスに耐える。

ネットルの
機能性成分例

- アグルチニン(糖たんぱく質)
- ケンペロール、ケルセチン
- ビタミンB、C、K

- **アグルチニン**はあまり知られていない成分で、セイヨウイラクサがこさえる糖たんぱく質の一種。臨床研究では1日当たり600mgの凍結乾燥葉を69名の被験者に摂らせたところ、慢性鼻炎患者や多年生鼻炎患者の58%の症状を改善した。うち48%の患者は既存の抗アレルギー薬より効果的だったと感じた(P. Mittman、1990年)。
- **ケンペロール**は、抗酸化作用、鎮静効果、抗不安作用が知られる。
- **ケルセチン**は、高い抗酸化作用と抗ウイルス作用が注目されている。
- 全般的に、特に野生種の薬効は著しいが、農業的に栽培すると機能性成分は激減。人類は千年を経てもなおネットルを満足に育てられぬのだ。自然界はそう簡単に飼い馴らせぬという好例中の好例。これはこれで爽快。

ウマいが一番

迷惑な雑草として生えている日本のイラクサたちは、とてつもなく美味。特に小川のほとりや河川敷で群れている連中は天ぷらが最高。葉は晩春まで美味だが、美味しい茎は初夏までが限界。それをすぎると硬くて食べられたものではない。

ただし、日本種もトゲで武装しているので、収穫時には革製の手袋を着用したい。

'ミヤマイラクサ'

'イラクサ'

ネットル

痛くて美味しい抗アレルギー薬

　春先に採れるネットルの、柔らかな若芽は野菜になる。風味のほどはホウレンソウに似て、フランスではポタージュにして愉しまれる。ビタミンC、鉄分、マグネシウムなどが豊富なため、ストレスや疲れが溜まった体には優れた効能を発揮する。

　薬草としての本領を発揮するのは、茎と葉、そして根茎。現代では強壮薬、血液の浄化、解毒（高い利尿作用）、肝機能の補完、切り傷や鼻血などの出血を抑える妙薬にもされる。最近は抗アレルギー作用が注目され、厄介な花粉症、しつこい痒み、つらいぜんそくなどを緩和してくれるとちやほやされる。たとえば乾燥させた根茎を煮出し、その浸出液を薄めて飲用する。いずれの優れた薬効も古代人たちが見抜いていたものと一緒だ。

　注目すべきは例のトゲトゲ。蟻酸、ヒスタミン、コリンなどの強い刺激成分が含まれ、皮膚に突き刺さるとただちに化学反応の連鎖を巻き起こし、苛烈な痛みを生じさせる（反応には個人差がある）。動物よけにアレルギー物質を蓄積するのに、食べるとアレルギーを抑える不思議。料理の際は、熱湯にさらしたあと、流水で引き締めれば、トゲは柔らかくなって気にならない。

　さてネットルの栽培であるが、ここ千年もの間「非常に困難」とされている。ヨーロッパ圏では、20世紀まで莫大な資金と労力をかけて神経質と思えるような研究が積み重ねられたが、荒地やドブに生えるネットルの品質にとても及ばないものが量産されただけの話であった。ネットルは、飼い馴らされるのをひどく嫌う。

　日本の山野にも同じ仲間が棲む。イラクサと呼ばれ、天ぷらやお浸しで食べると非常に美味しい野草で、薬効もネットルと似る。多くの場合、ヤブやドブの迷惑な雑草として嫌われているが。

イラクサ科
イラクサ属

ネットル

Urtica dioica

原産地	地中海沿岸
栽培の歴史	1,000年以上
性質	多年生
花期	6〜9月

暮らしぶりと性質

水気をとても好む。少しでも乾燥気味になれば、すぐ成長をやめるいじけっぷり。しかし、半日陰に植えて窒素肥料を与えれば、喜んで大きく育つ。

特記事項

自生地周辺では群れて育つので、野生種を採集して使う。世界各地に自生種がいて、適応症とされるものが地域ごとに驚くほど違う。アメリカやペルーでは育毛剤にされ、キューバでは痔の治療薬に、ドミニカでは家畜の繁殖に有用と……挙げればキリがない。

ネットル
ヨーロッパの影の支配者

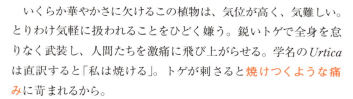

　いくらか華やかさに欠けるこの植物は、気位が高く、気難しい。とりわけ気軽に扱われることをひどく嫌う。鋭いトゲで全身を怠りなく武装し、人間たちを激痛に飛び上がらせる。学名の *Urtica* は直訳すると「私は焼ける」。トゲが刺さると焼けつくような痛みに苛まれるから。

　古代エジプト時代にはすでに重要薬草として敬愛され、古代ローマ帝国時代はフランスやイギリス征服に貢献する。たとえばこんな具合。ローマ兵は温暖な地域で暮らしている。フランスやイギリスに進軍するや、冷たく湿った陰気な気候のせいで、疲労困憊し、病魔に苦しめられた。彼らは食べ慣れたローマの野菜や薬草のタネをいつも持ち歩いていたが、ネットルもそのひとつ。駐屯地で育て、食べ、治療に使った。ネットルを茎ごと収穫したら、これを手にもち、患部にムチ打つ。その痛みたるや蜂に刺されたような激痛で、数日ほどヒリヒリと痛む。このひどく粗野に思える施術は、兵士たちの体力や無気力を改善し、コレラや発疹チフスもこれで治したというから驚く。間もなく彼らはフランスとイギリスを見事に制覇してみせた。

　薬効の実力は相当なものだったらしく、ギリシアの医師ガレン（130〜201年ごろ）は、「利尿剤、緩下剤、壊疽を起こした外傷、腫れ物、脾臓と関連する疾患、肺炎、月経過多、ぜんそく、口腔内の痛み」によく効いたと推奨する。10世紀には、現代人も悩んでいる帯状疱疹や便秘の改善に利用する方法が考案された。そして第一次世界大戦ではドイツ軍が軍服用の繊維に採用し、第二次世界大戦ではイギリス軍が迷彩服の染料として100トン以上も確保している。こうしてネットルはヨーロッパを再び支配した。

ニンニクの
機能性成分例
- アリイン（アリシン）
- ジアリルジスルフィド
- スコルジニン

- ニンニクが傷つくと、酵素作用によって**アリイン**が**アリシン**に変わる。このアリシンは、抗発がん作用、抗血栓作用、抗菌作用、抗炎症作用のほか加齢に伴う体内器官の老化を防ぐ作用が期待されている。ここ15年ほどは世界の研究者が臨床研究で薬効の調査を続けるが、実は未解明の部分がほとんど（Capasso、2013年）。
- アリシンは、すぐに変化して**ジアリルジスルフィド**になる。これは交感神経末梢からのノルアドレナリン分泌を促進する（血圧上昇、運動機能向上など）。
- **スコルジニン**は、滋養強精成分と言われ、細胞の再生を促進させる効果が期待されている。

熟成黒にんにく

茎にんにく

ないと非常に困ります！

ちゃんと育てるには硫黄分と石灰分が不可欠。鱗茎はこれらを必死に集めては茎葉に送る。茎葉はアリインを製造すると、その80％を生涯を通じて鱗茎に送る。アリインとアリシンは植物性病原菌に極めて強力な防壁となり、ニンニクたちの命綱になる。

二 ニンニク

毒と薬の狭間(はざま)

　薬としての名声や適応症はもはや壮大。一方で疑問符も多い。

　中世では心臓病、さまざまな感染症——腸チフス、赤痢、ペスト、熱病などの疫病に対して優れた予防薬になった。近現代では、強国の軍部が研究するほどの効果が宣伝され、高脂血症、糖尿病、心筋梗塞、各種がんの治療補助薬のほか、発がん性物質の抑制、肝臓機能の保護、免疫強化作用、解毒作用の増幅、酸化物質への抵抗力強化(いわゆるアンチエイジングを含む)につき、「非常に有望である」との論文が山積みに。

　ところが生のニンニクを擂りおろしたものは特に、化学成分が非常に不安定になり、胃を痛める。つまり百種類もの有機硫黄物質が、極めて短い時間に濁流(だくりゅう)がごとく押し寄せ、酵素反応や酸化作用によって、目まぐるしくその構造を変えてゆく。このとき生成される物質のいくつかによって、胃に損傷を与え、アレルギー反応を起こしやすくする(以上、Desaiほか、1990年；Nakagawaほか、1980年；Lybargerほか、1982年)。ニンニクは、つねに毒と薬の狭間で揺れ動く。毒性(刺激)を弱めるには、水から茹でる、蒸す、焼く、乾燥させるなど、調理した方が効果的である。

　アリシン(Allicin)という物質も含まれ、疲労回復、新陳代謝の向上、血流の改善作用が期待され、サプリメントが売られる。実はこれも不安定な物質で、商業的な製造過程ですぐに変化してしまう。手軽に入手できるサプリメントを服用しても、のちの検査では血中にアリシンが存在しなかったという報告もある。

　これほど不安定な物質に安定した抗生物質作用が期待できるわけもなく、つまり大戦中の負傷兵たちにニンニクのなにが効いたのかよく分からない。実際不明のままなのだが、事実よく効いた。

ヒガンバナ科
ネギ属

ニンニク

Allium sativum

原産地	中央アジア（詳細不明）
栽培の歴史	5,200年以上
性　質	多年生
花　期	5〜6月

暮らしぶりと性質

野菜売り場で発芽したものを連れて帰り、球根三つぶんの深さに埋めれば、生態観察の始まり。花の美しさは随一。

特記事項

日本には古代に中国から伝えられたと考えられている。『農業全書』（1697年）は、「暑気にあてられぬよう毎日少しずつ食すべし（中略）様々効能多き物なり、人家かならず作るべし」と絶賛した。

二 ンニク
戦争と文明のエンジン

イスラムの神話によれば、人間の堕落を見届けたサタンがエデンの園をあとにするとき、まず左足が土に触れた。ここにニンニクが芽吹き、その右足からはタマネギが産まれた（Emboden、1974年）。吸血鬼だの悪魔だのがこれらの臭いをひどく嫌うのは、総元締めサタンの気配が宿るせいかもしれない。人間界でも会長や社長の気配はとても嫌われるのでよく分かる。

サタンが小躍りして喜びそうな事件といえば大戦争。人間界にそれが起きれば、ニンニクとタマネギが人命救助に活躍する。しかし、負傷兵を回復させては再び前線に送り込む"銃後の武器"となり、戦乱を徒に長引かせ、サタンを喜ばせてしまっただろう。

古代ギリシア・ローマ人も戦争ではニンニクを大量に消費したし（Petrovska & Cekovska、2010年）、第一次世界大戦におけるニンニクは"ロシアのペニシリン"と呼ばれ、ロシア軍の重要軍事研究課題とされた。というのも、ニンニクは負傷者に対してストレスのない治療薬となり、傷の治療だけでなく、敗血症などの感染症予防に高い有効性を示した。廉価で大量に入手できることからも、戦費を抑え、国民の負担軽減にひと役買った。間もなくドイツ軍も目をつけ、大いに研究・活用した。

巨大国家の最高権力者たちは、時代と地域を問わずしてニンニク研究に熱意を注いできた。彼らが強大な文明や権勢を誇るには、無数の人々の労力に頼るほかなく、それを支えるエネルギー源を食物や薬物——そのどちらも兼ねるニンニクについて、より有利な活用法を編み出す必要に迫られたのだろう。ところがどうだ。その薬効の実際にライトを当てると、サタンのうすら寒いニヤケ顔が浮かび上がってくる。

ニンジンの 機能性成分例

- カロテノイド類
- フェノール類
- ビタミンC、カルシウム

'金美'

- ニンジンは**カロテノイド類**の宝庫。α-カロテン、β-カロテン、キサントフィル類、ルテイン、リコペン、β-クリプトキサンチンと、驚くほど多彩な機能性成分を量産する。β-カロテンやβ-クリプトキサンチンは小腸で吸収されるとビタミンAに変換され、体中を駆け巡る。おもしろいことに、ビタミンAを過剰に摂取すると中毒を起こすが、そのもとになるカロテン類を大量に摂取しても中毒しない。「全部をビタミンAに変換しない」という制御システムが人体に備わっているため。含有量は品種によって大きな差がある(下図)。

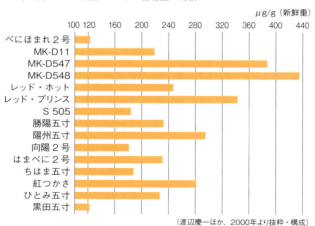

日本の高カロテン品種のカロテン含有量の比較

(渡辺慶一ほか、2000年より抜粋・構成)

ニンジン

ビタミンAの恩恵と危険

　その葉はとても優美。17世紀を生きたヨーロッパの貴婦人たちは、華やかな舞踏会で羽飾りの代わりにして楽しんだ。独特の芳香があって美味であり、サラダに好んで使われる。花はさらに清楚(そ)で、現代でもブーケやアートで盛んに用いられている。

　さてニンジンに含まれるカロテノイド類（たとえばβ-カロテン）は、視力の維持と回復につき、確かな効果を示すと了解されている。第二次世界大戦時、ドイツ軍の空爆が続くロンドンからニンジンが消えたことがある。あるイギリス空軍兵士が夜間に多数のドイツ軍機を撃墜した。イギリス軍は「英雄はニンジンで目を強化した」と報道し、市民も我が身を守るべくニンジンに殺到したわけだが、事実は極秘開発のレーダーによる勝利であった。

　とはいえカロテノイド類が体内に入ると、その一部がビタミンAになり、眼球の網膜の新陳代謝をよくして暗順応を高め、暗いところが見えづらくなる夜盲症（ビタミンA欠乏に起因するタイプ）の改善に使われる。美肌効果、免疫系の賦活性化作用も期待されるし、カロテノイドそれ自体にも高い抗酸化作用が知られるので、がん治療や予防薬としても高い称賛を集めている。

　こうしたニンジンの福音に与るには、やはりちょっとしたおまじないが必要だ。β-カロテンは脂溶性物質で、つまり水に溶けにくい。そのまま煮たり焼いたりするよりも、まずは油で炒めてからほかの調理をすることで、体に馴染み、吸収されやすくなる。その効果たるや、3倍から10倍も違うというのだから、このおまじないはバカにならない。そしてビタミンAの過剰摂取は中毒事故の原因になる。頭痛、吐き気、関節炎を起こすのだ。サプリメントでよく起きる事故で、野菜から摂るぶんには安全である。

セリ科
ニンジン属

ニンジン

Daucus carota var. *sativa*

原産地	アフガニスタン周辺
栽培の歴史	5,000年以上
性質	1〜2年生
花期	6〜8月

暮らしぶりと性質

性質はかなり気難しい。まず、発芽に時間がかかる。発芽しても、水が足りないことがあれば、小さなうちにほぼ消え去る。成長も緩やか。ただ、しげく様子を見てやると、確かな収穫を約束する。

'子安三寸人参'

'子安三寸人参'

'コズミック・パープル'

ニンジン畑

特記事項

野生種に近い品種には、黒系や白系も多く、見栄えは悪いけれど味は濃厚で甘い。日本に渡来したのが16世紀ごろ。『農業全書』(1697年)では「味性も上品の物なり、菜園にかくべからず」と絶賛。たちまち全国に広がった。

ニ ンジン
おねしょ、治します

　ニンジンたちは、ゆっくりと、いじらしい成長を見せる。やがて土から可愛い頭をぴょこんと出して、飾り羽のような葉をふわりと伸ばして風と遊ぶ。これに心を奪われぬガーデナーはない。

　本来は薬用植物として栽培された。歴史はとても古く、あまりにも古すぎるため、ナゾだらけ。学者の推測では紀元前3000年ごろにはすでにアフガニスタンを含むイラン高原あたりで栽培されていたという。紀元前2000年ごろにはエジプトに伝わり（寺院の壁画にニンジンの姿が描かれている）、やがて古代ギリシア・ローマにやってくると、人々は医薬品としての価値をただちに認めた。我々が日ごろから食べている部分にはさしたる興味を示さず、栽培から2年目にできるタネを愛し、尊重した。

　「種子は月経を引き起こすほか、そのまま飲むことで、しばしば悩まされるひどい痛みを伴う排尿困難、水腫、肋膜炎の良薬となるほか、有害な動物に襲われたり咬まれたりしたときも同じようによく効く」（ディオスコリデス）

　近代になると変わった利用法が発明された。子どものおねしょを治したいときは、「ニンジンをくりぬいたら、そこに子どものおしっこをたっぷり注いで、煙突のなかで乾燥させるとよい」（Handほか、1981年）。こうした"ニンジンとおしっこのおまじない治療"は19世紀から20世紀のアメリカで採録された話で（Mathias、1994年）、つい最近まで行われていた。存外に効いたのだろう。

　ニンジンといえば、オレンジあるいは赤色をイメージする。ところが原種系（古代エジプト壁画のニンジンなどは）暗い紫色をして、とても細く、見栄えが悪い。こうした原種に近い品種は、いまの日本でも入手できる。意外や意外、甘みたっぷりで美味。

ニラの機能性成分例

- メチイン、アリイン
- ビタミンB_2、C
- カリウム、カルシウム

ニラの根茎

- **メチインとアリイン**は、葉肉細胞に溜め込まれているが、人間が食べると酵素反応でスルフィド類に変化する。これが高い抗酸化作用、抗動脈硬化作用、抗発がん作用、抗アレルギー作用を示す。ニラを食べるとぽかぽかになるのは、スルフィド類による血流増加作用だとされる。もととなるメチインとアリインが多いほど、スルフィド類も多く摂取できる。
- **ビタミンB_2**は、体内に吸収されると栄養の代謝に深く関与する。人体の健全な成長を促進させたり、粘膜や皮膚を補強したりするとされる。

メチインとアリインの部位別含有量　　　　　　　　単位：μg/g（新鮮重）

	根	葉のつけ根	葉の中間	葉の先端
ニラ養生期（9月）	1128	4019	533	1056
ニラ養生期（11月）	4991	2608	2748	2470
収穫・1回目	2804	2476	3472	3444
収穫・2回目	2205	2820	3741	3652
収穫・3回目	1661	4321	4100	2166

（齋藤容徳ほか、2011年より抜粋・改変）

硫黄肥料を増やしたときの機能性成分の変化　　　　単位：μg/g（新鮮重）

施肥量	メチイン		アリイン		合計	
標準量	1408		26		1434	
硫黄肥料2倍	1982	↑41%	27		2009	↑41%
硫黄肥料5倍	1739	↑24%	51	↑100%	1790	↑25%

（齋藤容徳ほか、2011年より抜粋・改変）

ニラは成長する過程で、メチインとアリインを溜め込む部分を大きく変える。また、硫黄成分を肥料として与えると機能性成分を多く含むようになるが、肥料の量が多すぎるとその効果がかえって減じる。

ニラ

そのスルフィド、なにスルフィドぞ

　野菜を食べることは「がん予防に繋がる」と言われて久しい。ニラも優れた薬効が高く評価されている野菜。ニラの葉っぱが好んで生成するいくつかの成分によって、血流をよくする循環機能改善作用、抗がん作用、抗アレルギー作用を示す。スルフィド類（sulfides、sulphides）という成分がとりわけ素晴らしい作用を示す。これを大量に作り出せる"夢のニラ"の改良が熱心に進められているほどなのだ。

　このスルフィド類の動きを調べると、珍妙なことが分かった。ニラはその根に糖分や栄養をしこたま溜め込む。たとえ収穫されても、豊富な財産を元手に新しい葉を次々と伸ばすことができる。収穫直後は、当然、葉を伸ばすために貯金を吐き出すばかりとなるので、しょっちゅう収穫されては葉の糖分や栄養分も減る一方（それでも年に5回くらいは大丈夫）。ところがスルフィドは違う。収穫する度に増えるのだ（齋藤容德ほか、2011年）。

　実はニラたち、スルフィド類がなくとも、なんの問題もなく成長できる。なのに貴重なエネルギーを浪費してまで、高濃度のスルフィドを製造するのに欠かせぬ物質を嬉々として合成する。しかも収穫する度にその物質の濃度を高めてゆく。わけが分からぬ。薬効の高いスルフィドが増えるのはありがたい。というわけで、その原料となる硫黄成分を肥料として与えてみると、ひとまず殖えるが、たくさん与えても変化なしとくる。ニラは暑苦しい好意にはすぐにうんざりするらしい。へんなところが気難しい。

　食べれば歯間に挟まり乱れ踊るわ、畑に植えたら逃げ出すわ——いろいろと手間のかかる生き物で、なにがしたいのかよく分からぬことも多いのだけれど、一緒に暮らすと、ちょっと愉しい。

ヒガンバナ科
ネギ属

ニラ

Allium tuberosum

原産地	東アジア、日本
栽培の歴史	2,000年以上
性　質	多年生
花　期	7〜9月

暮らしぶりと性質

植えれば勝手に殖えてゆく。やや厳しく育てると風味がぐんと強くなるのは他のハーブと同じ。陽当たりを大変好む。

タネ

特記事項

古代中国の農業書『斉民要術』(6世紀) では、「一度種子をまけば、永年収穫が続けられる無精者向きの野菜」として紹介される(『日本の野菜文化史事典』)。小動物たちにも大人気。美しいチョウや害虫の天敵たちが、宴を楽しみに集まる。

ニラ
畑に群れるタコの足

　自然由来の**ED治療薬**として**ニラのタネ**が注目されるなど（マウスでの実験；Guohuaほか、2009年）、へんなところで活躍する。

　連中が熱を上げて励む仕事はどれもこれもよく分からない。

　我々を悩ませる第一の特徴として、生まれ故郷が微妙にはっきりしないことがある。東アジア原産で、中国から渡ってきたと解説されるのが一般的だが、日本の山野にも古代から棲んでおり、「日本も原産地のひとつじゃなかろうか」と考える学者もいる。

　第二は精力の権化であること。飛んで爆ぜて殖えまくる。舗装された歩道やアスファルトの割れ目から元気よくひと花咲かせているのはお馴染みの光景で、育てなくとも殖える。野菜としてはこれほど便利なこともないわけだが、はじめは喜んでも、家族全員が食べ飽きるのにそれほど時間を要しない。

　それでもニラは歌うように、とても愛らしい花を咲かせる。よほど甘美な歌声なのだろう、チョウやアブはもちろん、害虫をテイクアウトしてくれる狩り蜂たちが競って花のテーブルにつく。

　受粉は約束されており、連中は新しい子どもたちを世界へと送り出す。野菜として栽培するのはおもにアジア圏だが、アメリカやヨーロッパでは薬草園や家庭の庭園で愛され、逃げ出している。なにしろ庭園では数年で"整理"が必要になるくらい殖える。あたかもタコの足がごとくに。

　ニラ料理はとかく食欲をソソる。根元に近い、白い部分のあたりが最高に香味が高く、美味である。この**香味成分**には素晴らしい効能が込められていて、その由来を尋ねてゆくと、なんだかとってもニラらしい「わけの分からなさ」が透けて見えてくる。

ナスの
機能性成分例

- ナスニン（果皮）
- クロロゲン酸（果肉）
- ビタミンC

'水茄子'

- **ナスニン**は、アントシアニンの一種で強力な抗酸化作用、抗腫瘍作用、抗動脈硬化作用などが知られる。紫色のナスに豊富で、一般書では「白や緑のナスに含まれない」とあるが、そうとは限らない。見た目の色が薄くても、果皮や果肉に少なからず含まれる品種がある（竹内ほか、2004年）。抗酸化作用についても、白や緑の品種が高い場合もある（本文）。

- ある一般書には「ビタミン類は含まれない」とあったが、**ビタミンC**はナスに存在しており、研究例も多数。ここでおもしろいのは、傷ついたナスの反応。ナスを切断すると、24時間後には無傷のときよりビタミンCの含有量が多くなっているという。一方ナスニンは、切断24時間後に激減するが、48時間後には無傷のときより増加した（前出論文）。実に興味深い。

'ルイジアナ・ロング'

'埼玉大丸青なす'

まるで違う魅惑

　ナスは、環境の変化や違いにひときわ敏感な生き物である。思えば、トルコ共和国で食べたナスの美味しさは、感動的であった。味わいは濃厚で、歯触りも快活。品種と調理法が変わると、ナスはまったく違う魅力を抜群に発揮してみせるのだ。

"野菜の王様" 77種の効能

　薬用としての民間療法の実態は、我々の想像を遥かに絶する。2014年にR.S.Meyerらがインド・アジア各地で聞き取り調査をしたところ、77種の疾患に使用していることが分かった。

　たとえば片頭痛、神経衰弱、不眠症などの緩和、記憶の保存効果、鎮静効果。使用上の注意として、頭痛を引き起こすこともある、食べすぎは避ける、体が弱っているときも避ける、とある。全身すべての器官に使用され、それぞれ細かな注意点も確立しており、ナス文化の懐の深さにひとしきり感心させられる。

　薬理学の観点では、飛び抜けた抗酸化作用が期待される。120種の野菜の抗酸化作用を比較調査した研究では、ナスの抗酸化作用はトップ10に入った（Yang、2006年）。ナスニン（nasunin）は色素の一種で紫色のナスの皮に多く含まれ、凶悪な酸化物質を除去する活性が高いとされる。では紫色のナスを食べるべきか？

　紫、白、緑、ストライプ模様など、色彩が豊富。アジアで栽培される35種類のナスを調べたところ、もっとも抗酸化作用が高かった品種は、白地に緑のストライプ模様のナスという結果（Hansonほか、2006年）。しかも実が小さいナスほど抗酸化物質が高濃度で存在する傾向が見られた。意外かもしれぬが、ナスは環境の変化にとても敏感な生き物で、抗酸化物質の生成量を、時々の様子に合わせてコロコロと変える。つまり安定しない。

　こうして数多くの研究があるのは、ナスが原産地周辺では"野菜の王様"と呼ばれるからだ。熱帯地域の雨季は作物が凶作になるが、ナスだけはいつも鈴なり。"大事だいじ"な栄養源であり、小作農家の貴重な現金収入源ともなって、人々の安寧な暮らしにそっと寄り添う優しい王様なのである。感心感心。

ナス科
ナス属
ナス

Solanum melongena

原産地	インド周辺(推定)
栽培の歴史	2,300年以上
性質	1年生
花期	5〜10月

暮らしぶりと性質

基本的には頑健そのもの。肥料をしっかり与えれば、隆々たる実を次々につける。同じ場所で育てたい場合は、有機肥料(腐植質)を毎年しっかり施せばよい。

'たまごナス'

'ストライプド・トーゴ'

'リスターダ・デ・ガンディア'

特記事項

天平勝宝2年(750年)には、日本に渡来。それ以降ずっと大切に育てられた。一方、ヨーロッパには13世紀に導入されたが、まるで人気がなく普及しなかったという。原産地周辺では、白や緑のナスが多い。白い品種は熟すと美しいクリーム色になる。

ナス
評判も上下左右にぷらぷらと

　日を追うごとにぷくぷくと育つ姿がたまらなく愛くるしい。とはいえナスたちは人間を混乱に陥れては愉しんでいる節がある。

　インド、中国南部などの熱帯アジアではいまも野生のナスたちがうららかに暮らしている。栽培は2,300年ほど前から始まり、食用・薬用に重宝されるが、古代サンスクリット語の文献では「麻薬性と催眠性があるため危険」とか、11世紀のトルコの文献では「とびひ、象皮病、不眠症、神経症など多数の病の原因になる」、「よく熟した実を、しっかり下ごしらえしてから食べるべきだ」とする。

　12世紀以降、ヨーロッパに渡ってからの支離滅裂ぶりは有名で、西欧人は"猛烈なリンゴ"だ"狂気のリンゴ"だと喚き散らし、特に精神面で激烈な損傷を与える毒草としてひどく嫌った。それでも18世紀のアメリカ第三代大統領のトーマス・ジェファーソンは積極的にナスを輸入。彼は農業ひと筋、執務室の隣で新しい農機具を発明するような男で、ナスに少なからぬ敬意を抱いていた。だがそれもつかの間、19世紀のアメリカ市民は、ナスを食用ではなく観賞用のものとした。

　日本にやってきたのは8世紀ごろ。名声がぴょんと跳ねたのは江戸時代になってから。「一富士、二鷹、三ナスビ」のそれであるが、これは徳川家のおひざ元、駿河の国で「高いもの」を並べたと言われ、富士山、その次に愛鷹山が高く聳え、そして初物のナスビが飛び抜けて高価だったことに由来するという。大名同士で贈り合うほどの破格の贅沢品であったらしい。

　ところで英名をエッグ・プラント（eggplant）と言うが、実は原産地周辺のナスたちは色白で球形のものが多かったから。古代現地語でも「卵のような実が生る植物」と呼ばれていた。

迷信と誤解

イギリスでは19世紀になっても、トマトはがんの引き金になると囁かれていた。1985年にエセックス州で採録された話では——小鳥たちは決してトマトをつつかず、虫たちも決してこれを齧らないというので、われわれは絶対にトマトを口にしてはならないとされてきた（『イギリス植物民俗事典』より）。

トマト有毒説は無知な人々の勘違いだと思われているが、そうではない。トマトの果実には微量ながら毒がある。

トマチン（α-tomatine）は動物の細胞を死に至らしめるもので、ジャガイモのソラニンやチャコニンの類縁である。成長過程にある未熟なトマトは、トマチンを含み、植物性病原菌や昆虫に対して強い防御力を示す。一方、完熟したトマトは、トマチンを激減させる。動物に食べてもらえば、自分たちの勢力拡大に繋がるというわけだ。ただ、未熟果のトマチン含量はとても微量で、我々が食べても問題はない。

'アイコ'

'プチぷよ'

ところで、果実以外の部分（葉、茎）は、有毒以外のなにものでもない。海外ではハーブティーとして、日本では天ぷらなどで食用するケースもあるようだが、腎臓や肝臓の機能が弱っている人は特に避けるべきである。健康な人でも吐き気や頭痛に悩まされる恐れがある。

トマトの状態とトマチン含有量の関係

単位：mg/kg FW

	検査数量	トマチン含有量(平均)
結実から3週間目（緑・未熟果）	3個	353
結実から6週間目（緑・未熟果）	3個	165
結実から8週間目（赤・完熟）	3個	5.75

（浅野ほか、1996年より抜粋・構成）

ト マト

さまよえるリコピン礼賛

　"ラブ・アップル"といったふざけたあだ名は、意外にもいくつかの真実を含んでいた。

　リコペン (lycopene) あるいはリコピンと言われる成分を、トマトたちはたんまりと生成する。これを効率的に摂ろうと目論む場合、生のトマトよりも調理したトマトや加工品（トマトソース、ケチャップ、サルサソースなど）の方がお勧めである。

　抗がん作用に関する研究論文は、分かっているだけで80件を超える。疫学的な研究でトマトがもっとも効果を示したのは、胃がん、肺がん、前立腺がんに対する予防と増殖を抑える効果。さらに肝臓、大腸、直腸、食道、口腔、乳房、子宮頸部のがんについても有望とされる。ところが72件の論文を精査した結果、ダイレクトに証明できる証拠は見つかっていない（Giovannucci、1999年）。注意が必要なのは「トマトの栄養素は体に大変よい」ということに異論はなく、検証方法がむつかしいという話である。

　サプリメントや薬の世界では「有効成分を集めて丸めて飲めばよい」という傾向がある。トマトに抗がん作用を期待する場合も、リコペンを精製して飲むより、調理したトマトを味わいつつ愉しく食べた方がずっと効果的と言う研究者も多い（Sahlほか、1992年；Tonucciほか、1995年；Gartnerほか、1997年など）。

　さて人体のなかでもっともリコペンが蓄積されるのは、男性の睾丸・精巣である、と言われる。リコペンは前立腺がんの治療において注目される一方で、「精力剤になるんじゃなかろうか」と、祈りにも似た願望・思惑その他もろもろが世間を賑わす。研究結果の一部だけが誇張され、蔓延するという、魔女狩りにも似た社会病理に効く野菜はいまだ知られていない。

トマトの
機能性成分例
- リコペン
- ナリンゲニンカルコン
- ビタミンA、C、B$_6$

- リコペン（リコピン）はとても多機能な物質。有害な活性酸素類の活力を奪い去ることで、細胞組織（とりわけ細胞膜、DNA）の正常な活動を保護する。がんや腫瘍の予防、免疫機能やホルモンバランスの調節などにおいて、活躍が期待されている存在。スイカ、ピンク・グレープフルーツ、アプリコット、ピンク・グァバなどに豊富。
- ナリンゲニンカルコンという聞き慣れぬ成分は、トマトの果皮に含まれる。近年、アレルギー症状を緩和する成分として注目されている（モデル・マウスでの実験）。
- ビタミンB$_6$は、脂肪や神経系の代謝を促進し、ホルモンの調節を行う。

トマトが美味しくない理由

　店先に並ぶトマトたちは、若いうちに収穫されたもの。店頭に並ぶころに色づくよう、計算されているためだ。真っ赤に完熟しているように見えても実は未熟。味はうっすら。

　自分で育てた完熟トマトを食べた人は、誰もが「まるで違う！」と驚くもの。品種と味わいは多種多様で愉しい。

'グリーン・ゼブラ'

'グレート・ホワイト'

トマト

魔女狩りと革命の日々

　ヨーロッパ社会では14世紀ごろから魔女狩りが始まっていた。酸鼻を極めたのが17世紀初頭で、トマトが広がる時期と符合する。トマトは猛毒草の仲間だからと、魔女どもが使う性愛儀式の薬物、あるいは呪いをかける猛毒の呪術道具と見なされた。もっていたあるいは育てていたという形跡だけで、日々、多くの人々が冤罪という名のドス黒い焰によって灰燼に帰されてしまったのである。

　18世紀になっても医師らは「食べるな」と警告した。「虫垂炎や胃がんを起こす危険がある」というのがその理由だ。ジャガイモのように、各国の裁判所が栽培禁止令を出すことはなかったが、人々の根強い不信感と嫌悪感はほとんど半狂乱に近かった。一方で、魔女として断罪された者のなかには、純粋な薬剤師や優秀な産婆、家庭の母などがあり、後述のように彼女たちはトマトの恩恵を経験的・直感的に正しく認識していたことが分かる。

　トマトと人間の和解はイタリア人の偉業によるものだ。19世紀に入り、トマトに塩、胡椒、オリーブオイルを加えたトマトソースが発明されるや、蒼天を突く高らかなトランペット、聖歌隊の賛美歌が神の御世を誘わんとするがごとく、ヨーロッパ社会はすっかり手のひらを返してトマト料理時代の開花を心から祝福した。

　よほど感じ入ったのであろう、新大陸アメリカを開拓するといった大事業に出帆するときも、トマトを忘れずに連れてゆく。決定打はアメリカでの第二次トマト革命である。1830年代にケチャップが発明され、1897年にキャンベル（Campbell）のトマトスープが誕生。アメリカ人はトマト狂ともいうべき食文化を立ち上げ、世界の食卓をすっかり真っ赤に染めてゆく。現職アメリカ大統領（2017年就任）なぞ、ステーキにもケチャップだ。

ナス科
トマト属

トマト

Lycopersicum esculentum

原産地	南アメリカ（アンデス周辺）
栽培の歴史	詳細不明
性質	1年生
花期	5〜8月

暮らしぶりと性質

多彩な品種があって、性質にも明らかな違いがある。基本的に、陽射しが弱いとすぐ病気になる。陽当たりがよくて堆肥もあれば、ミニトマトでも3メートルを超える高さに育つ。

'ローマン'

'マイクロ・トマト'

'マイクロ・トマト'

特記事項

スペイン人によって、メキシコからヨーロッパにもたらされたのは16世紀。食用にされたのは18世紀以降で、それまでは観賞用。日本には寛文年間（1661〜73年）に渡来。人気はサッパリで、明治以前、食べる人は珍しかったそうである。

ト マト
猛毒の"ラブ・アップル"

　トマトと人間の歴史を簡単に述べれば、不条理そして支離滅裂。

　紀元前500年ごろ、メキシコ周辺で栽培されていたのは大きな赤いそれではなく、小さな黄色いトマト。すでに交配が進んでいたため、生粋の原種の姿は、いまだ、誰も、知らない。

　大航海時代、アステカの大地からヨーロッパへ連行されたトマトたちは、途方もない数奇な歴史を歩む。猛毒植物のヒヨスやマンドラゴラの仲間ということで毒草とされ、魔術や呪術に憧れるヒマな貴族や将官が秘かに貪った。結果、素晴らしい評判が立ち——ということはまるでなく。

　けれどもトマトたちは温暖な地中海性気候によく馴染み、すくすくと育つ。イタリアでも新たな棲み処を与えられたが、茎葉の"強烈な悪臭"がひどく嫌われ、食用としての人気は相変わらずサッパリだった。けれどもそこは詩情豊かなイタリア人である。自然を愛するご婦人方は"黄金のリンゴ"と呼んで可愛がり、地中海の陽射しが照らす明るい窓辺を飾ることを許したのだ。つまり、果実の色はまだ黄色であった。

　やがてフランスのプロヴァンス地方へ養子に出されたときは、赤いトマトが出現し、"愛の果実"と絶賛された。この暑苦しいあだ名は勘違いの産物である。イタリアでは*pomodei moro*と呼ばれ、和訳すると"荒地のリンゴ"。これがフランスに入るや、媚薬になるといった煽情的な噂に筆も滑ったかスペルを間違え、*pomme d'amour*（愛のリンゴ）となり、そのままイギリスに渡ったがために*love apple*となった。この他愛のない流言こそが、トマトと人間に、思い出すのも躊躇われるほどの不幸をもたらすことになる。

　魔女狩り、である。

トマティーヨ(食用ホオズキ)の

機能性成分例

- フィサリン類
- ウィザノライド類
- アントシアニン類(紫の品種)

食用'キャンディー・ランタン'

- フィサリン類は、多くの悪性腫瘍の発生や増殖を阻害する物質として、近年注目されている。日本のホオズキにも含まれるが、日本のホオズキは毒性が高く、食用にはまるで向かない。
- ウィザノライド類も、抗腫瘍効果が期待されるほか、強壮剤・強精剤としてやたらに持ち上げられている。これを多く作るのはトマティーヨ。トマティーヨや食用ホオズキは近年になって人気が出て、大型ホームセンターに行けば苗が手軽に手に入る。注意すべきは名前の混乱が見られること。生産者もよく理解していないことが多い。留意点はもうひとつ。収穫期になると虫たちが争うように賞味してしまう。

魅惑的なフレーバー

食べて驚くのは、ヨーロッパ系の食用ホオズキ。フルーティーで、フレーバーが多彩。高級なフランス料理店やイタリア料理店では、口直しや箸休めとして大活躍しているが、自分で育てれば、元手は数百円。数株ほど植えれば多くの収穫を見込むことができ、家族で楽しめる。日本での知名度はいまだ低いけれど、育てて食べて愉しい果菜。ぜひご堪能あれ。

食用'ストロベリー・トマト'

食用'ストロベリー・トマト'

ト マティーヨ（食用ホオズキ）
悪性腫瘍を蹴散らす天才？

　ホオズキの仲間は極めて特殊な成分を作る才に恵まれている。メキシコの人々は古くから経験的に熟知していたようで、感染性の気管支炎、胃腸障害、発熱、咳、扁桃炎、糖尿病の治療薬として重用してきた（Gollapudi ほか、2014年）。

　トマティーヨの果実からはフィサリン類（physallins）、ウィザノライド類（withanolides）が抽出されている。

　フィサリン類は、さまざまな悪性腫瘍の増殖を阻害することで脚光を浴びている物質。トマティーヨはこれをたんとこさえる。

　ウィザノライド類もまた高い抗腫瘍効果があるとされ、トマティーヨからは16種類も見つかっている。巷では別の植物から精製したものをサプリメントにして、高い強精剤・強壮剤になると宣伝・販売されている物質である。

　果実が紫色に輝く品種のトマティーヨからは、豊富なアントシアニン類が見つかり、これまたアンチエイジングなどが気になる紳士淑女を魅了している。ひとまずトマティーヨたちは、自分の体をこうした特殊な有機化合物防衛軍で堅守しているため、新しい環境ストレスにもめげることなく、高い生存能力を発揮できる。

　私見であるが、多食は避けた方がよろしい。ホオズキ類は全身をアルカロイドで武装していて、人間の神経系や肝臓・腎臓に手ひどい一撃を加える。トマティーヨも例外ではなく、果実以外は毒性があるとして使用されぬし、日本での安全性研究も少ない。

　ところでこのトマティーヨたち、困ったことがもうひとつ。収穫時期をまだかまだかと待ち望み、いよいよ満を持しての御開帳とホオズキの皮をめくれば「ぎゃっ！」。虫が先に収穫しておる。片っ端からこんな具合で、我が奥様が地団駄を踏み続けておる。

ナス科
ホオズキ属

トマティーヨ
（食用ホオズキ）

Physalis philadelphica

原産地	メキシコ周辺など
栽培の歴史	2,900年以上
性　質	1年生
花　期	5〜7月

暮らしぶりと性質

独り暮らしは苦手。仲間がいると、たいして面倒を見ずとも実を鈴なりにし、大盛況を披露する。鉢植えでも元気に暮らすが、地面に植えるとさらに大きく育つ。

'トマチロ・パープル'

特記事項

なにかと誤解が多い。トマティーヨの出身地は西半球で、「食用ホオズキ」類はヨーロッパ産が多い。トマティーヨの風味は「爽やかなトマト」。フルーティーな風味はヨーロッパ産のもの。どちらもスーパーでたまに見かける。

ト マティーヨ（食用ホオズキ）
メキシコ料理の名わき役

　みずみずしく、フルーティーな甘みが口いっぱいに広がる。サッパリしたトマト風味のものから、マンゴー風味、パイナップル風味とフレーバーも多彩。最近は、高級レストランやスーパーの野菜売り場に腰を据えたり、人知れず畑地を抜け出しては日本の自然界でひとり立ちを始めていたりする。彼らは特殊な化合物を活用して、非常に高い生存能力を実現してみせる。

　原産地は世界各地にあるが、メキシコのテワカン峡谷にある遺跡（紀元前900〜200年）から遺物が見つかり、栽培史がとても古いことが判明している。人々の生活にどれほど密着してきたかはメキシコ料理を食べれば分かる。緑色のサルサ・ソースはトマティーヨの未熟果をふんだんに使うため、辛さもマイルドで食べやすい。生食でも愉しむし、ワカモレ（サルサの一種）にしたり、ちょっとしたデザートにしたりと、メキシコ料理には欠かせぬ食材。

　自宅で育てる場合、苗をふたつ以上買っておきたいのは、トマティーヨが自家不和合性をもつから。つまり自分自身の花粉を受粉しても果実をこさえないのだ。ひと株だけでもまったく実らないわけではないけれど、収穫は多い方が愉しいものである。

　さてメキシコ周辺では70種類もの仲間が暮らし、おもに道ばたや荒れ地でのんびりと花を咲かせている。食用になるのはごく一部だけで、多くの種は日本のホオズキと同じく有毒。食用種は輸出用に大規模栽培される一方で、畑の外でも雑草として茂る。

　日本には世界中の食用ホオズキが集まり、呼び名もいろいろで一定しない（食用ホオズキ、トマチロ、トマティーヨなど）。欲しい品種がある場合は学名でチェックすると安心。なにしろ我が国では新参者であるため、アレコレと混乱している真っただなか。

トウモロコシの

機能性成分例

- アントシアニン、カロテノイド
- ビタミンB_1、B_2、E
- たんぱく質、亜鉛、鉄

- 糖質が多いと思われがちだが、**ビタミン類やミネラル類**なども多彩に含む。
- メキシコでもっともよく見られるトウモロコシの色彩は紫、赤、青で、白もある。これらには黄色品種がもたない**アントシアニン類、カロテノイド類、フェノール類**が豊富で、抗発がん性作用が見られる。お馴染みのトルティーヤを作る際には、石灰で茹でる処理（ニクスタマリゼーション）が行われる。ただ、意外にもアントシアニンやカロテノイドの損失が著しかったという研究結果がある（L.X.Lopez-Martinezほか、2011年）。

白実品種

白実品種の雌苞

メキシコでトルティーヤ用に栽培される伝統品種。メキシコの1人当たりトウモロコシ消費量は世界最高水準。

合わせ技の妙味

トウモロコシを主食とした場合は必須アミノ酸のリジンとトリプトファンの欠乏を引き起こす。むかしのメキシコ人たちはトウモロコシ、カボチャ、インゲンマメを組み合わせてよく食べた。それぞれの野菜に欠乏する必須アミノ酸を上手に補うことができる黄金のメニューだ。

ト ウモロコシ

とっても愉しい三姉妹農法

　栄養面では、ビタミンB₁、B₂、E、亜鉛、鉄などを含む優良野菜で、その実に纏（まと）った黄金色のもじゃもじゃ（ひげ）は、ビタミン類や抗酸化物質を少なからず含み、ハーブティーやサプリメントとして世界中で活躍の場が与えられている。

　色彩のバリエーションも豊か（右頁）。なかでも紫トウモロコシは、アントシアニンが豊富ということで近年注目を集めている。

　さて、世界中の人々が熱意を注ぐのが「綺麗で美味しいトウモロコシをどうやって作るのか」だ。なにしろ一度収穫してしまうと、トウモロコシの最大の魅力──その食感と甘みは矢のごとく消えうせる。採れたての完璧な味わいは、約24時間で完全な別物になるほど劣化する。それならばと自分で育ててみると、少しでも放っておけばすぐにスネて、大きくならぬ。化成肥料に頼り切れば害虫たちの餌食だ。どうにか無事に育っても、実がちょぽちょぽとしか入らぬという見るも無残な歯抜けの有様（ありさま）はよくある不幸である。この植物は、花粉をほかの個体から貰（もら）わないと満足に結実できない。狭い場所で数株を直線的に並べると実入りが悪くなるので、多くの株を交互か円形に配置した方がよい。

　三姉妹農法という有名な伝統農法が北米の先住民族に伝わる。トウモロコシのそばにインゲンマメとカボチャを育てる。いくつかの研究によると、少なくともトウモロコシとインゲンは、根から分泌する有機化合物の相性がとてもよく、土壌も肥沃（ひよく）にするという（実際には、無数の土壌微生物・菌類・小動物が関与する）。事実、トウモロコシとインゲンを一緒に育てたら見事に育った。実入りも大変よい。こりゃあ驚いた。我が奥様に自慢したところ、「ずっと前からやってる」と一蹴（いっしゅう）された。口惜しい。

イネ科
トウモロコシ属

トウモロコシ

Zea mays

原産地	メキシコ高原ほか（不明）
栽培の歴史	7,500年以上
性　質	1年生
花　期	6～7月

暮らしぶりと性質

トウモロコシたちは大喰らい。そして仲間の株が多くないと仕事に身を入れず、実をくれない（次項）。肥料たっぷり陽が燦々と照れば、大満足して天を突く。

'グラスジェム'

斑入り種

'みわくのコーン'雌花

特記事項

1492年、コロンブスがスペインに持ち帰ってから瞬く間に世界中へと広がる。日本には天正7年（1579年）に渡来。当時の交通事情を考えると驚くほどの速さ。収穫後すぐに風味が落ちるので、いまも加工工場の近くで栽培される。

ト ウモロコシ
暖炉の前でゴロゴロリッ

　アメリカン・インディアンの伝承には不思議な物語が多い。神や無名の勇士が、自ら生贄となって飢えた人々のためにトウモロコシを生み出すモチーフが多い。作物はモノとして扱ってはならぬ、必ずみなに分け与えよ、との祖先らの戒めが胸に突き刺さる。

　この世界でもっとも生産量の多い作物がトウモロコシである。主食はもちろん、甘味料や風味づけのほか、プラスティック原料、バイオ燃料など化学工業分野にも応用され、なお未知の可能性を孕(はら)む。まさしく暮らしの救世主であり続けているが、どうも原料や素材といったモノ扱いをされるきらいがある。

　伝統的な利用法は温かみがある。アメリカのテワ族は、扁桃腺(へんとうせん)が腫れたときにトウモロコシの実を暖炉のそばに置いて、そこに足をのせてゴロゴロと転がす。神の化身に対していささかバチ当たりな気もするが、なかなか気持ちよさそうで試してみたくなる。これを数日ほど続ければ腺の腫れはすっかり平癒(へいゆ)したという。

　トリニダード・トバゴの人々は、トウモロコシの"皮"をお茶にして、乱れた月経をもとに戻す。アフリカ系アメリカ人たちは同じものをカゼやインフルエンザの治療に使ってきた。

　マレーシアの農民は、トウモロコシを美味しくする秘術をもっていた。タネを蒔くときには、太めの穴あけ道具を使って土にタネを寝かしつけるが、このとき自分が満腹していることが重要。すると実りが倍増する（以上、Watts、2001年）。

　アメリカのナバホ族は花粉も美味しく食べる。雄しべを刈り取って乾かし、花粉を集めてトウモロコシ団子にまぶして愉しむ（『おいしい花』〈著／吉田よし子、八坂書房〉）。この著者は「これに砂糖を混ぜてキナコのように食べてみよう」とお勧めする。愉しそうだ。

トウガラシの
機能性成分例

- カプサイシノイド（カプサイシン）
- ルテオリン、ケルセチン
- ビタミンC

'鷹の爪'

- **カプサイシノイド**は、カプサイシンを含む辛み成分の総称。トウガラシには14種類の辛み成分が含まれるが、通常の品種ではカプサイシンとジヒドロカプサイシンが80〜90％を占める。いずれも高い鎮痛効果を示す、腸のぜん動を促す、食欲を増進させる、エネルギー代謝を促進させる作用が知られる。イギリスの研究では人間男女のエネルギー代謝を約25％も増加させたほか、作用時間が長く続くことも報告する（河田、1992年）。
- **トウガラシ**は果実の成長に伴って辛みを増加させ、果実のサイズが最大に達するとき、もっとも辛くなる。ちなみに辛くない品種にもエネルギー代謝効果や持久力増強作用のあることが分かっている。

いよいよ洒落になりませぬ

カプサイシノイドは植物性病原菌に対して強力な撃退能力をもつ。ハバネロ、ハラペーニョ、チェリーは激烈に辛い品種だが、自分で育てるとフルーティーでクセになる旨みを堪能できる。ハバネロはかつて世界一の辛さを誇ったが、2017年は'ドラゴンズ・ブレス'が世界一に。その辛さたるや生死に関わるレベルだと……。

'ハバネロ'

'チェリー'

'ハラペーニョ'

ト ウガラシ

痛い"鎮痛薬"

　ビタミンA、C、E、Kのほか、抗酸化作用で高名なカロテノイド類をたんまりと生産する。一般にダイエット効果が知られるが、カプサイシン（capsaicin）の働きによって代謝が高まり、体内に溜まった余剰な水分、脂肪などを減らしてくれる。

　一方、世界の各栽培地では、伝統的に鎮痛剤として使われることが多い。たとえば慢性的な皮膚病、糖尿病性神経障害、あるいは帯状疱疹（これは格別に"辛く"て痛い）と、その後に残るとにかく悪質な神経痛を和らげる。どうするのかといえば、トウガラシの抽出液をクリームに混ぜて患部に塗る。なにが起こるかといえば、ご想像の通り、とってもヒリヒリする。間もなく知覚神経の終末部でもって、痛みの感覚を伝えるP物質や神経ペプチド類が著しく減少し、ついには痛みが和らいでゆく（Palevitchほか、1996年）。内側からしっかりと鎮痛しているのである。さらに、素肌の弾力性もいくらか高める、といった報告もある。

　トウガラシを解剖すると、果実の中央部に真っ白でふわふわした部分がある。胎座と呼ばれ、カプサイシンはここで生成されるようで、もっとも辛い部分である。激辛に慣れている南米人ですら、ハバネロなどを食べるときは胎座を取り除く。ハバネロはそもそも辛いを超特急で通過して"激痛の連続爆発"となるが、どっこい未熟な緑色の果実を生で食べると甘みとコクがあり美味である。調子にのってチェリーという品種の未熟果（緑色）の表面を齧ると……。絶叫。狂騒。水、水、水！　これは赤く熟すとマイルドになって旨みが出る。品種によってまるで違うのだ。日本で独自に改良されたものも多く、伏見甘長とうがらしなぞは甘みが濃くて美味。この炒め物、酒飲みにはたまらない。

ナス科
トウガラシ属

トウガラシ

Capsicum annuum

原産地	中央アメリカから南アメリカ
栽培の歴史	8,500年以上
性　質	1年生
花　期	6〜9月

暮らしぶりと性質

丈夫な苗なら、陽なたと水さえ提供すれば育つ。堆肥や液肥をあげれば次々と花を咲かせ、実を鈴なりにしてみせる。活きのいい野菜。

'万願寺'　'伏見甘長'

'黄とうがらし'

特記事項

一説には、メキシコの紀元前6500年の遺跡から発掘されているという。しかし野生種はまだ発見されていない。日本には16世紀ごろに渡来。江戸時代には人気野菜となり、辛みがほとんどない伏見甘長などが普及し、観賞用としても愉しまれていた。

ト ウガラシ

気になる樹に生る原種の蠱惑

　トウガラシは樹木である。原産地の中南米では樹高3メートルに育つ。しかも意外な習性を披露する。人里離れた森林やのどかな野原に、トウガラシの野生種はいない。連中がどこにたむろするかといえば、人間が耕した場所にぽつりぽつりと勝手に生えてくる。つまりは雑草・雑木のたぐいである。どうやらこの雑草じみた原種系こそが最高にウマいそうだから、俄然、おもしろくなってくる。マヤ、アステカ、インカなどの文明圏では盛んに栽培された。王族や有力者たちは、カカオ、バニラなどと混ぜて飲料とした。トウガラシ自体はもちろん庶民の間でも楽しまれ、朝、昼、晩と欠かさず食べたようだ。現代メキシコでも成人が1日に食べるトウガラシの量は、一味トウガラシひと瓶に及ぶという。総毛立つような恐ろしい単位である。

　原産地で栽培されるのは原種5種と、ここから派生した10種類ほど。ふだん我々が口にするのは、それこそたったの1種だけ。

　Capsicum annuum という品種で、トウガラシ、タカノツメ、ピーマン、パプリカ、ハラペーニョなどその他もろもろ──およそ3,000種がここに所属する（ハバネロは *Capsicum chinense*）。

　原産地でのトウガラシの地位は、料理の美味しい風味づけ、あるいは煮物や炒め物のダシとして揺るぎない名声を確立している。とりわけ珍重されるのが"原種系"トウガラシ。例の樹木に育つもので、小さなサクランボみたいな実をたくさんぶら下げるのであるが、料理に使うと格段に美味という。よく熟した果実は恐ろしく辛いそうだが、魅力的なことに、未熟な緑の実には「栽培種が失ってしまった味と香りがある」のだそうだ。苗の入手を望むなら、学名 *Capsicum annuum* var. *aviculare* で探すとよい。

チコリの

機能性成分例

- セスキテルペンラクトン類
- アントシアニン類
- イヌリン

- **セスキテルペンラクトン類**は多数知られる。苦みを与えるのはラクチュコピクリンなど。近年では鎮静・鎮痛・不眠症改善効果などが強調されるも、万病の元凶となる緩やかで慢性的な炎症を抑える作用や肝臓機能の保護・補強効果が注目される。
- **アントシアニン類**は高い抗酸化作用が知られ、抗炎症、抗腫瘍作用、抗がん作用などが期待される。
- **イヌリン**は根茎に多く含まれる。甘みがあるのに、血中の糖分を低下させることから、糖尿病の治療効果が期待されている重要成分。

苦いがウマい、セスキテルペンラクトン類の含有量比較

	種類	セスキテルペンラクトン含有量($\mu g \cdot g^{-1}$DW)[y]		
		8-デオキシラクツシン	ラクチュコピクリン	合計
レタス	クリスプヘッド・タイプ	2.0±0.1	29.4±0.8	31.4±0.8
レタス	バターヘッド・タイプ	0.0	58.8±1.4	58.8±1.3
レタス 栽培種	リーフ(赤)・タイプ	0.0	90.2±2.7	90.2±2.7
レタス 栽培種	リーフ(緑)・タイプ	0.0	74.8±2.3	74.8±2.3
レタス 栽培種	ステム・タイプ	0.0	71.2±1.6	71.2±1.6
レタス 栽培種	コス・タイプ	0.0	114.0±3.2	114.0±3.2
レタス 野生種	*L. saligna*	1008.4±4.1	6.2±3.1	1014.6±5.5
レタス 野生種	*L. serriola*	6.4±0.8	143.2±0.3	149.6±0.7
レタス 野生種	*L. virosa*(p.187)	49.8±0.5	327.6±1.4	377.4±1.9
チコリ	*C. endivia*(エンダイブ)	7.6±0.1	144.6±3.2	152.2±3.2
チコリ	*C. intybus*	216.4±5.9	308.4±0.8	524.8±6.7

(荒川浩二郎ほか、2008年より改変)

チコリ

クセになる"SLs"の魅惑

　太陽神の失恋の痛みか、あるいは理不尽な求愛の結末を強いられた娘の苦悩のせいか、チコリが抱く苦みのために日本とオーストラリアでは人気が低い。ところがイタリア、フランス、中国の人々は「それこそ食欲をソソる旨みじゃないか」と夢中で育てる。こうした文化の違いは調べるほどにおもしろく、思わずいろいろと試してみたくなるもの。好きな人々はサラダで生食する。

　くだんの苦み成分であるが、その代表格はセスキテルペンラクトン類(sesquiterpene lactones：SLs)。利尿作用、抗炎症作用、抗マラリア作用のほか、鎮痛作用、鎮静作用まで兼ね備えるから素晴らしい。さらには食欲増進、消化促進作用まであるというから、実によくできております(荒川浩二郎ほか、2008年など)。

　インドの伝統療法では数十もの適応症に用いられ、なかにはAIDS、糖尿病、不眠、男性機能不全の治療薬にされる。薬剤として格段に重宝されるのは根っこの部分。ここから抽出した成分は近年の薬学研究でも免疫調整作用、抗腫瘍作用が見られたと報告される(Araceliほか、1999年など。いずれもラットでの実験)。このSLsという物質、もともとはレタスやチコリが自分の葉っぱや根っこを守るために作ったと思われる。非常に高い抗バクテリア作用や殺線虫効果を備えているからだ。チコリがしこたまさえるSLsの量は、レタスに比べてケタ違い(右図)。つまりそれだけ苦くなるが、慣れればとても美味しく感じるから不思議だ。

　エンダイブ(p.38)もチコリの仲間。チコリやエンダイブをサラダで愉しむときは、慣れぬうちは少量にする。ミモレットなどのチーズを贅沢に散らせば、色彩と風味は一気に華やぎ、苦みも軽減してくれ、太陽の花嫁の恩恵にもれなく与れる。

キク科
キクニガナ属
チコリ

Cichorium intybus

原産地	ヨーロッパから中央アジア周辺
栽培の歴史	3,500年以上
性　質	多年生
花　期	5〜10月

暮らしぶりと性質

日本の猛暑・厳冬にもよく耐える屈強のハーブ野菜。よく陽の当たる場所に植えれば、勝手に育ち、ご機嫌に過ごす。肥料は堆肥くらいでじゅうぶん。素晴らしい。

'バリエガタ・ディ・キオッジャ'

'ベローナ・バラ'

特記事項

日本には、江戸時代に渡来したと言われるが不明。現代のスーパーでは、軟白栽培された若芽のパック詰めがお馴染み。イタリアなどでは、ラディッキオと呼ばれる赤い葉をもつチコリがひときわ美味と、高い称賛を受けている。高価だが栽培はとても簡単。

太陽の花嫁

　チコリはちょいと野暮ったいところがなんとも愛らしい生き物。ひときわ元気な庭先の友人で、雪の舞う真冬でもいじらしく葉を茂らせる。日本での知名度は恐ろしく低いものの、ヨーロッパや中近東では大人気の野菜。薬草としての輝かしい名声は世界を席巻し、とりわけユニークな薬効は19世紀から20世紀初頭に人気を博した恋の秘薬。心を寄せる異性に秘かにチコリのタネを食べさせることができたなら、相手の愛情はあなたの望みのまま——この薬効は誰でも試すことができる。もちろん明日にでも。

　チコリはレタス（p.184）にとても近い親戚でありながら、食べると眉をひそめるほど苦い。レタスも元来はひどく苦い野菜であったのだが、連中は人間の好みに合わせ、都会的に洗練されることを許してやった。チコリはこうした"上品さ"を頑なに拒んでいる種族だ。どれほど品種改良をされても、見た目はワイルド丸出しであるし、噛むほどに苦み走るのも健在である。

　生き物としての気質は、恥ずかしいくらい元気。植えれば勝手に育つと言えるほど。ルーマニアでは、太陽神の求愛を拒んだ娘がチコリに変えられたという古い伝承が残され"太陽の花嫁"との異名をもつ。そのせいか陽当たりのよいところならどこでも、たとえばイスタンブールならガソリンスタンド脇の荒れ地や歩道の割れ目から、ずんと背を伸ばし、スカイブルーの花を空に向けていた。自生地周辺ではごく普通の道草である。日本の気候にもよく馴染み、品種も多彩で菜園を手軽に飾るにはうってつけ。

　苦い苦いといっても、チコリの若葉は食べやすい（育ってくると苦み走る）。そして親戚筋のレタスが手放したこの"苦み"こそ、我々の健康に素晴らしい恵みを与えてくれる。

タマネギの
機能性成分例

- アリイン（アリシン）
- 揮発性含硫化合物
  （スルフィド類ほか）
- ケルセチン類

'赤玉ねぎ'

- **アリイン**は無臭だが、加水分解されてアリシンとなれば強烈な臭いを放ち、食べようとする動物を驚かせる。さらにアリシンは空気に触れると揮発性の硫化アリルとなり、動物を号泣させて撃退する。実によくできている。

- 硫黄を素材とする**含硫化合物**は、体内に入ると抗血栓、抗腫瘍、抗ぜんそくなどの薬理効果を示す。加熱したときに発生するシクロアリインも繊維質を溶かす、血中の脂肪分を低下させる作用がある（早藤ほか、2014年）。

- **ケルセチン類**は高い抗酸化作用をもち、胃の保護、抗がん、抗肥満、抗ウイルス作用で活躍する。むかしからの家庭の利用法は実に理にかなっていた。

意外と豊富

　昨今は、アンチエイジングや肥満防止、そして滋養強壮によいとタマネギ抽出物のサプリメントが豊富だが、タマネギ自身にもたくさんの品種がある。ペコロスは普通のタマネギを小さなうちに収穫したもの。ベルギー・エシャロットは野生に近い品種で、フランス料理に欠かせない。香りが抜群。

'ベルギー・エシャロット'

'ペコロス'

タマネギ

恋の病と涙目のアリシンと

　我々がタマネギと称している部分は葉っぱである。茎のまわりに5〜10枚のそれが取り囲み、楕円形にふくらむ。包丁で刻めば激痛に涙するけれど、眼鏡をかけても無駄で、切る前に冷やしておくとよい。涙の原因はアリシン（allicin）という揮発性物質で、冷却すればおとなしくなる。アリシンには意外な効能が知られる。

　中東では突発的な暴動時、催涙弾に巻き込まれると、生のタマネギを鼻先につけて目や喉の痛みを消した。日本ではスライスしたタマネギを枕元に置けば「健やかな眠りに就く」という。なかなか寝つかぬ5歳の娘に試したところ、ものの見事に眠りに堕ちた。母親も即刻熟睡。筆者だけ、さみしい気持ちになった。

　娘への催眠効果や、ピラミッドをこさえる強壮作用の根源について、その詳細は不明だが、アリシンとビタミンB_1がタッグを組むと新陳代謝を活性化させ疲労回復を促し、アリシン自体にも食欲増進作用と消化吸収を助ける作用がある。アリシンはタマネギを傷つけると発生する。しかし、水に溶けやすく熱にも弱い。水洗いは最低限にし、炒めるときは油を使うとよい。そもそもこの刺激物質は動物を追い払う役目を担っていたはずなのだが、人間に思わぬ恩恵をもたらすことで我々を見事に跪かせ、大繁栄を手にした。

　もうひとつの不思議な効果として、女性の重篤な"恋の病"によく効いた。「もしも恋人を取り戻すことができなかったら、ありったけの針をタマネギに突き刺し、炎のなかで焼く。これで相手の男の心臓は無残に貫かれる」（Henderson、1879年）。

　女心を傷つければ、アリシンなど比較にならぬほど痛い目に遭うことは、男の歴史が寸断なく実証を重ねている。これまた実学。

ヒガンバナ科
ネギ属

タマネギ

Allium cepa

原産地	アフガニスタンなど中央アジア周辺
栽培の歴史	詳細不明
性質	2年〜多年生
花期	5〜6月

暮らしぶりと性質

晩秋から初冬に植えつける。苗を買う場合は、葉の長さが30センチくらいで葉の太さが8〜10ミリのものを選ぶ。葉が弱く、痩せていると越冬できない。

特記事項

日本には江戸時代に渡来したとする説のほか、明治9年（1876年）ごろとする説も。当初はまったく相手にされず、海外に輸出することが多かった。明治25年に大阪でコレラが流行したときに「薬効がある」と人気が出て、品種改良が進んだ。

タマネギ
世界征服はパンとチーズとタマネギで

タマネギの生い立ちに関わるプロファイルはいまも不明である。いつのころからか、女性に寄り添うことでいまの権勢を手にした。男性にとってはしばしば戦慄(せんりつ)的な使われ方をするわけだが。

古代エジプトの超文明化のエンジンとなり、ピラミッドの林立を可能にしたのは、ニンニクとタマネギの功績が大きい。なにしろ配給が滞れば暴動が起きたほど。古代ローマ帝国でも、日本人ほどの体格しかなかったローマ兵たちが、肉食で体躯(たいく)の大きな民族を次々と服従させてゆくが、このときの食事に驚く。「牛や羊の乳を入れて煮たおかゆかパンか、それにチーズの一片に玉ねぎに一杯の葡萄酒が、行軍中の食事だった。これで世界を征服したのだから呆(あき)れる」(『ローマ人の物語Ⅱ ハンニバル戦記』より)。剣闘士たちも、精力をつけるべくタマネギを貪り喰う。あきたらず、タマネギを使った全身マッサージで鋼の筋肉も養った。

家事を忙しく取り仕切る女性にとっても、旦那衆を仕事に駆り立てるのにたいそう便利だった。消化器系の感染症を起こす病原性大腸菌、サルモネラ菌、枯草菌(こそうきん)などの繁殖を抑える効果があるため(Nelsonほか、2007年)、これを食べさせ、夫元気で留守がいいを実践した。家畜や人間の疫病が流行ったときは、おまじないにタマネギを玄関や家畜小屋に吊(つ)るした。男衆には「迷信だ」と嘲笑されるが、イギリス、フランス、インド各地で、これをやった家だけが「みんな助かった」という話が残される。もちろん吊るす以外にも"おばあさんの知恵"を尊重したご婦人方が、家族を守るべくいろいろと腐心した結果であろう。女性は家庭の守護神であり、最高神であり、それを支えたタマネギがいた。

こうした女性ならではの、おもしろい使用法はまだまだある。

ダイコンの

機能性成分例

- アミラーゼ（ジアスターゼ）
- ビタミンC、カロテノイド類（葉）
- カルシウム、食物繊維

'聖護院大根'結実期

● アミラーゼは通称をジアスターゼとも言い、不快な胃もたれや胸やけを防止するありがたい効果をもつ。でんぷん類の分解に優れているが、加熱処理で激減するので生食がよいと言われる。アミラーゼの効能のためか「ダイコンはいくら食べてもあたらない」と言われる。これが転じて「いくら奮闘しても"当たらない"役者」をダイコン役者と呼ぶ。「シロウト役者」というのも、ダイコンの白さに由来しているという。

"味わい"深いダイコンたち

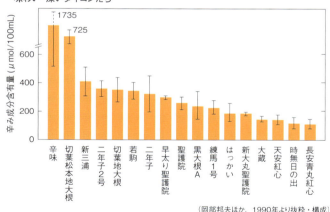

（岡部邦夫ほか、1990年より抜粋・構成）

➡ 切ったり擂りおろしたりすると、辛み成分アリルイソチオシアネートが生ずる。蕎麦には各地でダイコンおろしをあてるが、辛みが強いほどよく合う。ダイコンごとの辛みは品種によって大きな差があるので、お好みの品種を選んで遊ぶのはとても愉しい。

古いワインを蘇(よみがえ)らせる錬金術

　1996年、突如日本はパニックに陥った。岡山県、岐阜県、大阪府においてO-157：H7の被害が多発。WHO（世界保健機関）が発表した声明によれば「けた違いの記録的な患者数」。この年だけで1万人以上が感染し、死者は8名（当時の厚生省資料より）。

　発生源として真っ先に突き上げられたのがカイワレダイコン。生産者は次々と倒産し、ほかの生野菜にも容疑が広がり、大騒動になった。なんと発生源の詳細は不明のまま、幕がおりた。分かっていることは、その年だけが異常に突出した蔓延(まんえん)を見せたということだけである。そして1999年、カイワレダイコンに強い抗O-157：H7作用が公表された（Bariほか、1999年）。なんたる皮肉であろう。

　余談ながら、皮肉はまだある。カイワレダイコンの栽培は江戸時代後期に始まったと言われ、当時は地域限定の珍しい野菜で、とても高価であった。その発祥の地こそ、O-157：H7が猛威をふるった、大阪の堺のあたりだった。

　さて、話は唐突に変わるが、古くなったワインをすっかり蘇らせる錬金術があるのでお知らせしておく。もはや商品価値がないほど品質が落ちたワインに、薄くスライスしたダイコンを浸す。

　「こうすると、劣悪かつ胸が悪くなるような風味がたちどころに取り除かれてゆき、さながら新品のように清涼な酸味となって蘇るのである」（Hill、1577年）

　16世紀ごろのワイン商人は、こうして売れ残りを見事に売り捌(さば)いたというのだからちょっとすごい。たいていのご家庭では、キッチンの片隅でもってなかなか出番が来ない、廉価なワインが眠っていることだろう。捨てる前に錬金術の実験もまた一興。

アブラナ科
ダイコン属

ダイコン

Raphanus sativus

原産地	中央アジア周辺（異説が多数存在）
栽培の歴史	4,700年以上
性 質	1〜2年生
花 期	3〜5月

暮らしぶりと性質

土のベッドをほこほこに耕してあげれば、喜んで美しく大きく育つ。基本的にはがんばり屋でどんな土地にも適応する。辛味ダイコンは蕎麦との相性抜群。絶品。

'桜島大根'

'紅芯大根'

'桜島大根'

'京都青味大根'

特記事項

古代エジプトのピラミッド建設時はニンニク、タマネギと並び、重要なお給料として扱われた。日本には西暦720年以前に渡来。日本人はよほどダイコンが好きなようで、少し前まで栽培量トップを飾った。花後に実る若いサヤも、格別に美味である。

ダイコン
古代エジプトの給料を使った錬金術

　ダイコンの"価値"は、時代と地域によってまるで違う。

　ヘロドトス(紀元前485〜420年ごろ)が記した『歴史(historiai)』によれば、「古代エジプトのピラミッド建設現場では労働者たちに報酬として支給された」。お給金がダイコン——それであなたが満足するかどうかは別にして、彼らには確かな目算があった。「(受け取ったダイコンは)実際に野菜として食べられることはあまりなかったと言われる。価値があったのはむしろ、油を採るためのタネのほうであった」(『図説 古代エジプト生活史』)。

　このダイコンは英名ラディッシュ(radish, garden radish)で、日本のダイコンとはいささか様子が違う。和名ではハツカダイコンとなるが、雰囲気としてはカブに近い。古代エジプト人は機会さえあればダイコンのタネを蒔いた。油を採って売るために。穀物を育てるより高く売れるし、なによりも課税率が低かったので利益率も抜群だった。まったく実利的な古代エジプト人らしい。一方、古代ローマでの評判は芳しくなかった。ダイコンは皮が分厚く、刺激的な臭いがあって、これが腸にガスを溜め、ゲップを引き起こすと考えられ、「だから質の悪い食品だ」と大プリニウスは酷評するが、解毒薬や、肝臓病、腰痛の治療薬としての実力は認めていた。

　日本では平安中期に"大根(おおね)"と表記され、これを"だいこん"と読むようになったのは室町時代。日本人は古代エジプトの民と一緒で、畑という畑でダイコンを育てるが、それは食べるためである。日本における栽培野菜のうち、作付面積と収穫量は第2位(2010年度、農林水産省統計資料より。第1位はジャガイモ)。そのほとんどが西洋種を起原としたもので、自生種ではない。

ソラマメの
機能性成分例

- ケンペロール
- ナイアシン
- たんぱく質、ビタミンB、C

- ケンペロールはフラボノイドの一種で、トマト、イチゴ、キャベツ、ケールなどにも含まれる高機能成分。抗酸化作用、抗炎症作用のほか、骨粗しょう症や糖尿病の予防効果が期待される。神経系を保護・補強する作用も知られ、鎮静作用や抗不安作用も示す。
- ナイアシンは別名をビタミンB_3とも言うが、人体内でも生産される。体内でのエネルギー代謝に深く関与して、消化器系や神経系を保護・補強する。欠乏すると、体内のいろんな場所で炎症が起きる可能性があるが、先進国の食生活で欠乏を起こすことは少ないと言われる。
- 良質な水溶性たんぱく質も豊富。体によいけれど、食べすぎは禁物。

いつの間にやら……

肉が手に入らないときは重要なたんぱく源になり、戦争期間中には日本でも大いに栽培された。それが次第に衰退して栽培量は激減している。マメはサヤから取り出されると、すぐさま貴重な栄養素を一気に減らす。いつまでも放っておかずに早めに食べるとよい。

ソ ラマメ

ぶきっちょな難病治療薬

　古代人から近代イギリス紳士淑女まで、"艶やかな肌"の味方であり続けたマメたち。ここに含まれる水溶性たんぱく質には、体内で発生する超酸化物や過酸化水素を効果的に除去するという能力がある（Okadaほか、1998年）。この薬効を期待して食べまくれば、たちどころにガスが溜まって胃腸障害を起こすのだ。古代ローマ人たちもずいぶんと懲りたらしく、注意を促している。

　近年では、難病パーキンソン病の治療薬として研究される。患者6名に、承諾のうえ、ソラマメを食べてもらう実験が行われた。調理された250グラムのマメを食べたあとで、血液を採取し、運動機能の異常性を評価したところ、既存の治療薬を服用していたときと変わらない効果が見られた（Rabeyほか、1992年）。化学製剤が入手できぬ地域の患者にはまさに福音。タネにマイクロ波を照射してみると、スプラウト（芽生え）に含まれる抗パーキンソン病成分が56％も増加した（Randhirほか、2004年）。

　そこまでせずともスプラウトの利用は有効である。抗酸化物質のもととなるフェノール類（phenols）の含有量が高く、特に発芽から7日目に、ある種の抗酸化物質は最高値に到達した。

　ところでソラマメという生き物は、ちょっとぶきっちょ。マメが実り始めたころ、突如、ぐったりする。根っこに飼っていた共生菌すら片っ端から分解してもなお、栄養不足で青い顔。無限伸育性といって、マメが実り始めたあとも茎葉をどんどん伸ばそうとするので、慢性的な栄養不足のなか、自転車操業を続けるのだ。当然ながら収穫量はガタ落ち。よってこの時期に窒素分を与えてあげれば、ソラマメたちは大いに喜び、あなたにたくさんのマメをプレゼントしてくれる。この不器用さがなんとも愛らしい。

マメ科
ソラマメ属

ソラマメ

Vicia faba

原産地	中近東（詳細不明）
栽培の歴史	8,800年以上
性質	越年生
花期	3〜5月

暮らしぶりと性質

ちょっと不器用な野菜。冬が来る前に大きくなると、霜でダメになる。開花してマメができると、栄養不足でダメになる。しかし、花の香りは実に素晴らしい。

ソラマメの発芽

特記事項

イスラエル北部のナザレから発掘されたマメは、紀元前6800年ごろのものと推定される。日本には天平8年（736年）ごろに渡来。受粉して1か月ほどで収穫できるが、種蒔き用として使うなら、さらに1か月完熟させる。

ソラマメ
彼女をソラマメ畑に連れてゆけ！

　春先にそわそわして、腰のあたりがどうにも落ち着かなくなったら、たぶんソラマメが開花したせいかもしれない。イギリスのサフォーク州では、ソラマメの花の時期になると、こんな歌声が響いた。

「もうじきかみさんが子を宿す」（『イギリス植物民俗事典』）

　日本人にはいささか奇異に映るが、ヨーロッパにおいてソラマメの花は伝統的な媚薬として高い名声を誇る。その香りには人々を強く惑わす魔力が宿り、これを嗅げば男女を問わず愛欲を刺激され、その気になる。なかなか想いを遂げられないでいる若者に対しては、よく次のような知恵が授けられた。

「彼女をソラマメ畑に連れてゆけ。もしもそこにイバラだの有刺鉄線だのがあったら、おぶってそれを越えさせてやれ。そうすりゃ彼女はもうお前のもんだ」（Barrett、1967年）

　さんざん育ててきた筆者は、伝承の言う素晴らしい効果に与れたことはただの一度もないのだけれど、ふくよかで心地よい甘い香りは、春の庭仕事をそれは愉快にしてくれる。

　やがて実るマメは、ずっと実用的。古代から重要なたんぱく源とされ、難治性の咳を抑え、皮膚疾患によいとされた。紀元1世紀ごろの書物には脱毛効果に言及がある（現代と同じで、古代ギリシア・ローマ人たちは身だしなみや容貌にとてもうるさかった）。さらにおもしろいことに、1610年、イギリスでは早くも"男性雑誌"が人気を博していたが、最新の流行としてこんな記事がある。「ソラマメの花を蒸留したものをローションにして顔を洗えば色白になるのです」

　紳士であり続けるのも実に大変だったようだ。

セロリの
機能性成分例
- アピイン、アピゲニン
- ビタミンB、C
- β-カロテン(葉)

セロリのタネ

● アピインは、セロリやパセリの茎葉、タネに豊富。加水分解されることで、アピゲニンに変化する。アピゲニンは、リンゴ、オレンジ、キャベツ、ピーマン、タマネギなど、多くの果物や野菜に含まれる。動物実験などでは、鎮静効果、抗不安効果、抗うつ効果などが示される。神経細胞の発生を促進する作用も注目され、アルツハイマー病の治療に応用しようと各国で研究が進む。さらに免疫系を補強する効果も示されるが、人体に関する作用については未確定の部分が多い。セロリには強い刺激作用があるので、苦手な人はセロリではなく、別の果物や野菜で摂取すべきである。

育てやすくて重宝する

スープセロリ(*Apium graveolens* var. *secalinum*)は、セロリの原種系。とても小型で栽培も簡単。香りは芳醇で、コーンスープに1枚の葉を浮かべるだけで、高級ホテルの朝食に。生のままサラダに散らしても豪華な味わい。ホームセンターの園芸コーナーで苗が安売りされていることも。あなたの庭が気に入ったら、こぼれダネでよく殖えるだろう。

セロリ

薬効に潜むいくつかの危機

　タネから育てると、ぼう然。いつまで経っても発芽せぬ。待ちに待った芽が出ても2〜3センチくらいで成長が止まり、ひと月くらいはこのまんま。それからの成長も、あまりに遅くて気が気じゃない。葉物野菜なのに収穫までなんと半年以上もかかるわけだが、その堅実さがセロリを庭先の薬箱にしているようだ。

　茎葉のおよそ95％が水分で構成されるも、繊維質が豊富（整腸作用が高め）。カロテノイド類、ビタミン類などもたんまりとこさえ、ミネラル類も豊富に貯蓄するという性質をもつので、これらを欠乏しやすい真冬にはもってこいの薬膳となる。

　前項にて鎮静剤に利用されると述べたが、セロリに含まれるアピイン（apiin）と、その他の芳香成分の作用によるものと言われる。昨今、文献やインターネットでは不眠改善効果が盛んに謳われるが出所不明。簡単な検証法は、寝る前にセロリを1本、コップに入れる。ここに水を注いだら、枕元に置いて横になる。

　鎮静効果の研究や論文はいくつもある。けれど不眠改善効果については納得できる研究事例は見つからず、そもそもセロリの安易な利用は危険ですらあるのだ。

　とかく薬効が高いと広告され、精油が売られ、さまざまなサプリメントに配合されているけれど、中央ヨーロッパ諸国はセロリを含む食品には必ずその旨を表示するように義務づけている。複数のアレルギー反応を誘発することが経験的に知られ、人によっては致命的なアナフィラキシー・ショックを起こすことがある。

　さて、ほかに注意すべきは、あなたの奥様がわざわざよいセロリを買ってきたときだ。速やかに察知し、決断する必要がある。抱擁か、緊急避難か。セロリみたいにぐずぐずなぞしておれぬ。

セリ科
オランダミツバ属
セロリ

Apium graveolens

原産地	地中海沿岸、中国
栽培の歴史	500年以上
性　質	1〜2年生
花　期	6月

暮らしぶりと性質

タネから育てるのは変わり者の上級者だけ。成長は遅々として進まぬが真冬にカチコチに凍っても日中には復活。大器晩成型の素晴らしい生命力には感動する。

根茎

特記事項

紀元前1900年ごろのエジプトでは、すでに利用されていたが、野生種を採集していた。栽培が本格化するのは16世紀以降。日本にも16世紀ごろに入ってきたが、特有の匂いが嫌われ、人気はサッパリ。品種改良が重ねられて人気が出てきた。

セロリ
愛、ローマへと続く道

　セロリ・ソルトは、セロリのタネを細かく砕いたものに塩を加えたシンプルなもの。多彩な料理やカクテルの隠し味で大活躍している。そう、長い人類史において尊重されてきたのは、我々がいつも食べている部分ではない。特異な薬効と強い芳香が隠されているのは根っことタネ。少なからぬ人々にとって、セロリは、避けるべきアレルゲンであるが、同時に多くの人を強く魅了してやまない。たとえばフランスの言い伝えでは、「もしも女たちがセロリの男に与える効果について本当のことを知ったなら、彼女たちはどれほど遠かろうが、質のよいセロリを求めてローマまで探しにゆくのだ」(Mathias、1994年)とある。

　さらに変わった伝承がイギリスに遺されている。
「セロリは魔女の軟膏として使われた。箒で空を飛んでいるとき、急激な腹痛に襲われるのを防ぐためである」(Jacob、1964年)

　伝承が残るほどだから魔女たちはよほど頻繁に悩まされたのだろうか。セロリは腹にガスが溜まるのを防ぐので、急な腹痛を抑えると言われる。寄生虫も激痛を起こすが、これも駆逐する。腎臓や膀胱の結石もひどい痛みを伴うが、尿酸値を下げ、尿の流れを維持して結晶化を防ぐ(優れた利尿効果がある)。これらはずいぶんと古くから経験的に知られていたセロリの薬効である。

　さらに民間薬としては抗痙攣薬、月経促進薬、緩下剤、抗真菌薬、鎮静剤、そして媚薬として(男性をパワフルに変貌させる。フランス女性がセロリを熱望した理由はこれ)、世界中で名声を得てきた(Fazalほか、2012年など)。ちなみに愛を育む作用については、セロリだけの効果ではなく、興奮作用のある薬草や強いアルコールと調剤されてきたのが実情のようだ。

スイスチャードの 機能性成分例

- ベタシアニン、ベタキサンチン
- ビタミンA、C、E、K
- マンガン、鉄、食物繊維

- ベタシアニンとベタキサンチンは、ベタイン系色素と言われる。同じく色味を出すアントシアニンとはまったく別の色素で、限られた植物しか生産できない。ベタイン系色素は強力な抗酸化作用をもち、ルチンやカテキンよりも優れている（川上ほか、2016年）。そのため、抗炎症作用、抗がん作用、循環器系の疾患予防になると注目を集めている。
- ビタミンKには、血液凝固作用がある。欠乏した乳幼児には出血性の疾患が起きる。また骨の形成にも深く関与し、20世紀後半から骨粗しょう症の治療効果を調べる臨床実験が進む。ビタミンKにはいまも未知の部分が多い。

美しき魔法使い

地植えでも鉢植えでも、元気丸出しで育つ。外側の葉から順番に収穫するわけだが、すぐに色鮮やかな新芽を伸ばしてくれる。生で食べても甘みがあり、炒め料理でも歯ごたえを愉しめる。これで栄養分もたっぷりなのだから、もう少し感謝されてもよいかと思う。生サラダや蒸し料理の色彩は見事のひと言。

ス イスチャード

絶大なる"色彩の魔術"

　目にも鮮やかな"装飾的な野菜"で、鉢植えにしても絵になる。葉の柄がホワイト、レモンイエロー、オレンジ、パープルレッドなどなど、眺めているだけでも健康によさそうな色彩が持ち味。トマトやニンジンでお馴染みのカロテノイド色素がたっぷりで、赤～紫色の色素はベタシアニン（betacyanins）、黄～オレンジ色の色素はベタキサンチン（betaxanthins）と呼ばれる。

　植物たちは複数の色素を複雑に配合して利用するが、それは我々の目を楽しませるだけではなく、自分の体を保護するための高機能な抗酸化物質でもある。さまざまな野菜が大量に消費される地中海沿岸地域において、スイスチャードの抗酸化作用は屈指の高さを誇り（Snežanaほか、2015年；Bolkentほか、2000年）、鮮やかな色素は自然由来の食品着色料としても活躍する。

　とりわけ注目に値するのがビタミン類の存在。ビタミンKは1日に必要な分量のなんと7倍を超える。ビタミンAも2倍以上になるのだからとんでもない（175グラムを摂取した場合）。そのうえビタミンC、Eも含まれ、マンガン、カリウム、鉄、食物繊維も豊富なのだから、優秀な健康食品として研究者たちが注目するのは当然。特に原産地のひとつであるトルコ共和国は研究が盛んで、糖尿病の治療やがんの予防・治療薬として有望だとする。

　スイスチャードを食べるときは、茹でたり炒めたりすると美味であるものの、抗酸化物質の多くが失われるという現実に直面する。おのずとサラダで愉しむことが推奨されるが、調理してみたい場合は加熱時間を少なくする、油を上手に使って最後に料理と合わせる、などの工夫をしてもよいだろう。野菜売り場で出くわしたなら、末永いお付き合いを願ってみては。

ヒユ科
フダンソウ属
スイスチャード

Beta vulgaris ssp. *cicla* var. *cicla*

原産地	地中海沿岸
栽培の歴史	3,000年以上
性　質	1～2年生
花　期	6月

暮らしぶりと性質

真夏の蒸し風呂にあっても、凍てつく雪にさらされても、めげることなく生き抜いてみせる。生命力の権化みたいな植物。水、堆肥、石灰さえあれば、とても元気に育つ。

タネ

特記事項

栽培が始まったのは、紀元前1000年のシシリー島だと推測される。日本には17世紀前後にやってきた。ホウレンソウにそっくりな味わいだがクセがまるでなく、甘みもある。そのため、地方名でアマナ、ウマイナ、ゴマイラズなどと呼ばれて愛される。

スイスチャード
鼻に突っ込み頭脳明晰

　育ててみると、思わず笑ってしまう。あまりにも元気なお野菜なのだ。収穫する度に、綺麗で美味しい若葉をどんどこしょと伸ばしてくる。この果てしなくいじらしい姿、庭先を華麗に彩る様子は、ただただもうたまらなく愛らしい。

　原種の名をチャードという。古代ギリシア・ローマ時代から愛され続けてきた最大の理由は、重要薬草としての横顔による。大プリニウス（22/23〜79年）の『博物誌』では、その根を水から煮て得られた汁は、ヘビの咬（か）み傷の解毒剤、歯痛止め、しもやけなどに用いられたし、いささか勇気がいる処方としては「その汁を耳に注入すると、頭痛、眩暈（めまい）、耳鳴りを治す」とある。ちょっと試してみたいと思われるものでは「その汁をハチ蜜に混ぜて鼻孔に塗ると頭をはっきりさせる」とあるが、果たしてどうか。

　中世から近世にかけての評判も目覚ましく、血糖値降下薬、消炎薬、止血薬として活躍。現代でも薬草としての地位は揺るぎなく、慢性疾患予防や抗がん作用まで研究されている（次項）。

　別名をシー・スピナッチ（sea spinach＝海辺のホウレンソウ）といい、とどのつまりのん気な浜辺暮らしを好む種族である。日本名はフダンソウ（不断草）で、年がら年じゅう収穫できることに由来する。しかし実際には冬期の生育はすこぶる遅く、収穫は控えめにしないといそいそと天国に帰ってしまう。

　チャードは地中海沿岸地方に野生し、品種改良を受けてスイスチャードになった。もしも古代の文献を渉猟（しょうりょう）されるなら、ひとつご注意を。紀元2世紀より前の書物に出てくる"ビート"は、基本的に"チャード"を意味する。一方、現代においてビートといえばビート各種（p.150）を指す。いささかややこしい。

スイカの
機能性成分例
- リコペン
- シトルリン
- スイカ糖、カリウム

アフリカ中央部地域のスイカ

- リコペンは英語読み。ドイツ語読みではリコピンだが、どちらを使うか研究者も一定していない。多くの植物があるけれど、リコペンを生産できる種族はとても限られるので、スイカは貴重種。抗がん作用、抗酸化作用、美肌効果など嬉しい効能の宝庫であるが、もともとは厳しい砂漠環境に適応するべく生産されているもの。
- シトルリンはスイカに特徴的な物質。砂漠で快適に暮らすため、強光と極度の乾燥が続いたときに耐性を高めるべく増加する。人体には血流改善や細胞の増殖補助作用が知られ、アメリカではED治療薬として利用される。

トルコ共和国の品種

トルコ共和国の品種

ガラス製の保育器

アフリカの長い乾季は、気温50℃超・湿度10％未満。この砂漠地帯でもまるまると太って甘くなる(本頁一番上の写真)。

大切なタネはガラス質でコーティングされている。灼熱から防ぐほか、これなら動物に食べられても消化されずにそのまま逃げ出せるという親心である。

ス イカ
スイカ爆弾の炸裂力

　スイカの爆弾としての破壊力はおもに生体内で発揮される。

　「スイカは水分ばかりで栄養はない」と子どもの時分に聞かされ、「腹を壊すから食べすぎるな」と注意された人も多いだろう。確かに強い冷却作用があり、下剤として利用されてきた。

　栄養分については誤解が多かった。果肉の90％以上が水分でありながら、ここに含まれるシトルリン（citrullin）とリコペン（lycopene）は傑出した抗酸化作用をもつ。リコペンといえば「トマトが一番だ」と広く知られるが、どっこいスイカはトマトの4割増しの量を製造してみせる（品種や栽培条件による）。

　そのうえ、スイカのリコペンは生のまま食べても効率よく体内に吸収されるのだけれど、トマトは加熱処理が必要になるという決定的な違いがある（Perkins-Veazieほか、2004年）。

　リコペンは果肉を赤く見せる色素でありつつ、活性酸素などの破壊者から大切な細胞たちを極めて厳重に保護する。その仕事ぶりたるや、あのβ-カロテンの2倍と評価される（Mascioほか、1989年）。スイカ爆弾は活性酸素どもを見事に吹き飛ばすのだ。

　この素晴らしい抗酸化作用はスイカ自身を美しく実らせ、美肌を望む人々には恩恵をもたらし、循環器系、心臓発作、前立腺がんなど数々の重大疾患の予防にも有効であると、その評判を高めるばかり（Collinsほか、2005年）。そして心地よい日常生活をおびやかす、あの忌まわしき胃の不具合の数々にもスイカの抗酸化物質が役に立つ（ラットでの実験：Szamosiほか、2007年）。

　またシトルリンは体内に入ると酵素によって一部がアミノ酸のアルギニン（arginine）に変化し、体内に溜まった有害なアンモニアを解毒して排出を促しつつ、細胞の増殖を助けてくれる。

ウリ科
スイカ属
スイカ

Citrullus lanatus

原産地	アフリカ
栽培の歴史	4,000年以上
性　質	1年生
花　期	6〜8月

暮らしぶりと性質

果実は受粉してから、わずかひと月ほどで直径比にして30倍弱、体積比で400〜730倍まで育ってみせる。綺麗に大きく育てるには多くのコツと根気が必要。

特記事項

『和漢三才図会』（1712年ごろ）によれば、17世紀の中ごろ、隠元禅師が中国から伝えた。当時の評判といえば、ひどい有様。まずもってその臭いが嫌われ、果肉が人間の血肉に似ているからと、女性や子どもは口にするのをひどく嫌ったという。

スイカ
頭脳の強壮薬

　本来の愉しみ方は、かなり違っている。

　生まれ故郷はアフリカの中部あたり。紀元前4000年ごろにはエジプトまで連れてゆかれ、大切に栽培されるようになった。当時の果肉は白く、非常に苦く、喰えたものではなかったらしい。それでも古代エジプトの民はずいぶんと熱心に育て続けたが、彼らが愛してやまなかったのは"皮"と"タネ"だ。これを焼いたり炒ったりして食べ、あるいは薬として愛用した。アフリカやアジアなど、荒れ地や川岸でスイカたちが野生しているような地域では、現代でも皮とタネが食用・薬用で活躍している。

　古代ローマでは、根っこを乾燥させて粉に挽いたものを美肌用洗浄剤にしたといい、皮もまた顔の肌を美しくするとして、あますところなく使い倒した。おもしろいことに、時代も地域も遠く離れた20世紀のアメリカ・アラバマ州においても「スイカの皮を食べることで、顔の色艶が美しく輝く」(Brown、1958年)と言われ、女性たちをずいぶんと喜ばせてきたようである。

　おもに捨て去られる運命を辿る青くさい皮には、実のところアルカロイド、フラボノイド、ポリフェノールといった特殊機能成分がたっぷりで(Jamunaほか、2011年)、近年になって抗酸化作用(特にアンチエイジング)の研究が盛んである。あの無愛想極まりない、分厚いだけのつらの皮には、なかなかバカにならない仕事の成果が詰まっていたという次第。バングラデシュではタネが脳の強壮剤として使われてきたというので、塩で炒って効果のほどを体験してみるのもよいだろう。

　さらに変わったところでは、アラブ諸国の民は黒焦げに焼いたスイカの粉末を火薬の原料や煮炊き用の火口に使っていたのだ。

ジャガイモの
機能性成分例
- ビタミンB_1、B_6、C
- 葉酸
- カリウム、マグネシウム

'アンデスレッド'

- 意外に思えるが、ジャガイモが溜め込む**ビタミンC**の量はイモ類のなかではかなり多め。しかもおもしろい振る舞いを見せる。まずジャガイモを保存しておくと、ビタミンCは次第に減少して2か月で半分程度になる。スライスして放置した場合は、だんだんと増えて2日後にピークに達する。また電子レンジで加熱したり蒸したりすると、茹で調理よりもずっと多くビタミンCが残る(電子レンジ:96%、蒸し:67%、茹で:28%。以上、大羽和子、1988年)。
- 葉酸はポテトチップスにも含まれ、食品会社の研究ではフライにした方が葉酸が増えると報告している。

大事なイモだから

ジャガイモは光に当たるとすぐさま、ソラニンなどの有毒物質を生成し、身を守る。これを避けるには冷暗所で保管する、時間が経過したものは厚めに皮を剥く、茹で汁は捨てるなどの対策が大事。ジャガイモはあくまで有毒植物であると心得たい。

'メークイン'

緑の部分が有毒物質の蓄積個所

'メークイン'

ジャガイモ

世界でもっとも人気の毒草

　もとを正せば神聖な植物である。アンデスの民は神の儀式で子羊を生贄（いけにえ）に捧げることがあり、その血をジャガイモに注いでから神への供物とした。スペイン人が発見した当時のジャガイモは、とても小さく、中身が黄金色をしていた。痩せた土地でも元気に育つが、よく手入れがされた耕作地ではずっと大きくなる。地域ごとに適した品種が生み出され、いまや1,000種を数える。冷涼な高山地帯を故郷とする割には、降霜（こうそう）にめっぽう弱い。日本でも5月に遅霜（おそじも）があると次々に神様のお国に旅立ってゆく。

　初夏になれば大きな花をたくさん咲かせるが、タネはまずつけぬ。筆者も見たことがない。もっぱらイモを殖やすことに腐心し、おのずと可愛い我が子を保護する工夫は凄まじくなる。α-ソラニン（α-solanine）、α-チャコニン（α-chaconine）などのグリコアルカロイド類（glycoalkaloids）が全草に含まれ、特にイモの表面や新芽に集めて身を守る。やたらに食べようとする動物どもに、激烈な頭痛、胃痛、吐き気、下痢などを起こし、後悔させるつもりと見える。

　でんぷんが豊富で、カリウムやビタミンにも恵まれた素晴らしい野菜ではあるけれど、16世紀のヨーロッパ人が恐れた毒性は健在で、植物学的には断固として毒草なのだ。原産地のアンデスの人々もよく知っていたので「注意と敬意をもってお付き合いするように」と教育されるが、こうした大事な由来はよその世界に伝わらず、毎年、各国で集団食中毒事故が多発する。

　とはいえ、世界中どこに行ってもジャガイモ料理が出てくるし、しかも美味。品種の違いで味も変われば、どんな郷土料理にもよく馴染む。"大事に"お付き合いすると、お互い幸せである。

ナス科
ナス属
ジャガイモ

Solanum sp.

原産地	南アメリカ（アンデス周辺）
栽培の歴史	9,000年以上
性質	多年生
花期	5〜6月

暮らしぶりと性質

植えれば育つ。ただ、5月に遅霜がおりると、いっぺんでダメになることも。イモは収穫から数か月間、休眠して発芽しない。

'男爵イモ'の花

'インカのめざめ'

特記事項

日本には17世紀ごろに渡来。ところが日本人の口に合わず、100年ほどは家畜のエサとしてわずかに栽培された程度であった。食卓に迎え入れられたのは18世紀になってから。いまでは日本でもっとも多く育てられる野菜である。

ジャガイモ
不愛想な"地球のきんたま"

　いまではすっかり世界中の人々をメタボリックにしているポテトチップス。その由来、ちょっとしたナゾになっている。

　書物によっては「第二次世界大戦時、アメリカが軍用に開発した」と衝撃的に紹介されるが、ニューヨークの料理人ジョージ・クラムが1853年8月24日に発明したとする説もある。彼が料理長を務める店に、たまたま小うるさい金持ちがやってきた。

　「これでもフレンチ・フライと言えるか。厚すぎるし、ぐしゃっとしている」、「今度は塩気がまったく足りない」などと文句をつけては「作り直してもってこい」とほざく。頭にきたクラムは「ふざけるな」とばかりに、フォークではとても突き刺せぬような薄っぺらいポテトを出した。「ざまあみろ。これに懲りたらさっさと帰りやがれ」とクラムは鼻であしらったつもりであったが、金持ちは「最高だ！」と歓喜し、たちまち大評判になった――。

　主役となるジャガイモ自身、凄まじい遍歴を辿ってきた。16世紀にアンデスの人々から掠め取ったジャガイモをスペインに持ち帰ったとき、学者は「トリュフの一種である」とキノコ扱い。スペイン語でトリュフを意味する言葉にturma de tierraというのがある。直訳のひとつが"地球のきんたま"（Watt、2007年）。やがて「これは植物である」と気づかれこそしたが"きんたま"扱いはそのままで、さらに具合の悪いことに、先に到着していたトマトの不評悪評も手伝って、こりゃあ有毒だ、きんたまだとなり、しまいには媚薬だ、疫病をもたらす悪魔だなどと指弾された。

　トマトと違った点は、家畜の飼料として不動の地位を築けたことだ。そして相次ぐ飢饉と戦乱を契機に、家畜小屋から家庭の食卓に招かれるようになり、世界的な重要食材に変貌する。

サツマイモの
機能性成分例
- ヤラピン、食物繊維
- カフェオイルキナ酸誘導体
- ビタミンA、B、C、E

- ヤラピンはお通じをよくする作用をもつけれど、単体では機能しない。食物繊維と協働することで、大きな仕事を成し遂げる。煮ても焼いても変質しないのが、サツマイモたちのよいところ。
- カフェオイルキナ酸誘導体は、ポリフェノールの一種で高い抗酸化作用を示す。肝臓機能の保護、発がん性物質の抑制などでも見事な活躍を見せる。
- ビタミンCは抗酸化作用、美肌作用、そして疲労回復作用もある。摂取してから数時間で排出されるので、こまめに摂取するのがよい。多くの野菜では加熱調理後に激減するが、「焼き芋」ならでんぷん類で保護されているので損失は軽微。ガス漏れの羞恥など簡単に吹き飛ばす、美味な薬草。

40種類を超える愉悦

日本の栽培品種だけでも40種類を超える。甘み、食感、色彩、香りなどに明らかな違いがある。蒸し料理、焼き料理、煮物などに特化している品種もあるので、工夫を凝らして食卓を彩ってみたい。生のサツマイモを切断すると、皮のすぐ下から白い乳液がじわりと滲む。ヤラピンはそこに潜んでいる。

'川越栗金時'

サツマイモ

葉っぱとツルが"医者殺し"

　原産地であるアジア圏の民間療法では、口や喉にできた潰瘍の治療薬、収斂剤（血管や肌などの細胞組織を収縮させる薬）、防カビ剤、強壮剤、緩下剤（緩やかな効果をもつ下剤）として使われる。また、ぜんそく、下痢、発熱、カタル（鼻水、咳、喉の痛みなど、カゼでよく見られる諸症状）、胃の疾患、腫瘍、吐き気、火傷、虫刺されを改善するのに利用される（以上 Osime ほか、2007年）。ここまでくると日常生活の万能薬、医者いらず。

　これら魅惑的な薬効が秘められているのは、実のところイモではない（緩下作用はイモにも認められる）。もっとも広く使われているのが"葉"。原産地周辺や医薬世界では、まず"葉"に注目し、次いで"ツル"、"茎"などを大いに活用する。葉っぱは栄養分と特殊機能成分の宝庫で、カロテン、ビタミンB_2、ビタミンC、ビタミンEの量がとにかく豊富。食物繊維、たんぱく質にも富む（Ishida ほか、2000年）。

　サツマイモがさらに得意としているのは、複数のアントシアニンをこさえること。その数、少なく見積もっても15種類。この総量は、主要な商品作物のなかで頭ひとつ抜きん出る。総合的な結果として、人体に抗変異原性作用をもたらす。我々の細胞は、日々、突然変異を誘発する物質（変異原）などと戦うことを強いられているが、あえなく敗北を喫することが多い。抗変異原性とは、細胞たちを変質させようとする凶悪極まりない紫外線、活性酸素、放射線の活性を奪い去ることで、効果的に抑え込む"防御力"を言う。

　さてスウィートポテトのビタミンCは加熱調理しても損なわれない。でんぷん質が糊化して守るため、石焼き芋にも豊富に潜む。

ヒルガオ科
サツマイモ属

サツマイモ

Ipomoea batatas

原産地	熱帯アメリカ（詳細不明）
栽培の歴史	5,000年以上
性質	多年生
花期	8〜9月

暮らしぶりと性質

よく陽の当たる場所に植えておけば、勝手に元気よくツルを伸ばし、喜んで地面をのたうちまわる。普通は開花せず、結実もしない。

紅イモ（沖縄）

'シルクスウィート'

特記事項

江戸では「栗よりうまい十三里」という小粋な名前でもって愛された。九里（栗）、四里（より）も美味しいサツマイモは十三里、というわけ。しかし大阪では八里半と呼ばれた。関西ではあくまで栗よりも格下であったからである。なかなか手厳しい。

サツマイモ
ヤラピンが奏でる素敵な音色

　なにしろこの植物、砂漠だろうが2,500メートル級の高山だろうが、連れてゆかれた先で元気に育ってしまう。いくらか面倒を見れば、いっそう励む。実に清貧・勤勉な生き物である。

　英名スウィートポテト（sweetpotato）はポテト（potato：ジャガイモ）とはなんの関係もない。まずもって"家系"が違う。ポテトはナス科だが、スウィートポテトはヒルガオ科（アサガオなどが属するグループ）。さらなる違いとして、ポテトの場合、食用にしているイモは塊茎(かいけい)といって茎の一部が太ったもの。スウィートポテトのイモは塊根(かいこん)といって根の一部が太ったものである。

　この塊根にはビタミンA、B、C、Eをはじめ、豊富なでんぷん質、ほどほどの鉄と亜鉛が含まれる。最近は、ヤラピン（jalapin）という成分が注目株。食物繊維と協働することで腸の蠕動(ぜんどう)を促し、便を軟らかくする作用で知られ、世間にいたく気に入られている。ヤラピンは皮のすぐそばに集中するので、皮ごと食べる「ふかし芋」などがお勧めである。

　さあ、ホクホクの焼き芋を手にして、中身は、なに色であるか。イモの肉質が明るいオレンジの品種は、ビタミンAの原材料といえるβ-カロテンが豊富。紫色の品種はアントシアニンがたっぷりで、医薬的な利用価値はもちろん、食品や玩具(おもちゃ)の着色料に利用され、女性が愉しむ化粧品の色素としても活躍している。化粧品といえば、女性がいっそう魅力的に映るよう、頬(ほほ)を紅くするのに「サツマイモを食べるとよい」という変わった伝承がアメリカにある（Hyatt、1935年）。偶発的かつ制御不能なガス漏れ事故のせいで「赤くなる」のだったらひどい冗談だが、どうやらそうではないらしい。気になる方は、ぜひとも美味しくお試しあれ。

アブラナ野菜の特殊抗酸化物質の含有量　　　　　　　　単位：mg/100g(生鮮葉)

	カロテン類		ビタミンE類		ビタミンC
	α-カロテン	β-カロテン	α-トコフェロール	β-トコフェロール	
ケール					
Winterborne	0.071	6.08	2.80	0.305	NA
Vates	0.048	3.65	1.03	0.153	NA
ブロッコリー					
De Cicco	0.029	0.87	1.70	0.066	88.98
Pinnacle	0.021	0.64	1.04	0.108	77.97
Zeus	0.019	0.57	0.67	0.137	75.57
Shogun	0.030	0.81	1.37	0.088	56.04
Packman	0.015	0.49	0.60	0.020	67.24
Greenbelt	ND	0.80	1.49	0.137	57.59
Legacy	0.018	0.52	0.90	0.115	60.54
Majestic	0.025	0.73	1.27	0.097	71.97
Baccus	0.022	0.90	1.06	0.049	65.78
Florette	ND	1.15	1.09	0.641	NA
カリフラワー					
Peto 17	ND	0.08	0.18	0.077	44.33
Snow Crown	ND	0.07	0.16	0.048	39.63
芽キャベツ					
Long Island	0.004	0.77	1.20	0.054	NA
Yates Darkcrop	0.011	1.00	0.49	0.020	NA
キャベツ					
Pl 214148	ND	0.04	0.06	ND	31.85
Peto 22	0.002	0.10	0.21	ND	22.84
Peto 23	ND	0.12	0.27	0.006	26.47
Peto 24	ND	0.13	0.24	ND	32.82

NA …………利用不可　　ND………検出レベル以下

(A. C. Kurilichほか、1999年より抜粋して構成・補足)

まずは美味しく食べたい

　ケールの水分含有量は少なめ。キャベツやカリフラワーが90％以上であるのにケールは80％ほどしかない。お勧めはナラダ食だが、生で食べたときに不愛想な食感が気になる人は、炒め物にすればとてもとても食べやすくなる。長い加熱は上記の栄養素を損なうので短めにするとよい。野菜は食べやすい方法で"長く付き合う"という発想が大事。

カーリータイプ

ケール
さても美しき抗酸化物質の神殿

　ケール、キャベツ、ブロッコリーたちはトコフェロール類（tocopheroles）という物質を生成する。いわゆるビタミンEのこと。連中の活躍をイメージするのは、なかなかおもしろい。

　まず紫外線や公害物質などの影響で体内にフリーラジカル（代表的なものに活性酸素の一部）が生じると、細胞の正常な営みを元気よく破壊してゆく。ビタミンEがフリーラジカルに出くわすと、相手のフリーラジカル機能を奪い取って、自らビタミンEフリーラジカルに変身する。ここにビタミンCなどの抗酸化物質がひょっこりと顔を出せば、あら不思議、もとのビタミンEに戻って抗酸化物質としての仕事を再開する。それだけではない。ケールなどには強力な抗酸化物質のβ-カロテン（β-carotene）も豊富に存在するが、これが傷つけられぬようにガードするのも、ビタミンE（特にα-トコフェロール）なのである。この息を呑む、めくるめく生命の営みには興奮を覚えずにはいられない。

　ケール、キャベツ、ブロッコリーの63品種を分析した研究で、総合的な抗酸化能力のトップに輝いたのがケール。β-カロテンとトコフェロールの含有量も最高クラス（右図：A.C.Kurilichほか、1999年）。栄養学的にミネラル分が豊富で、生物学的には育てるのがとても簡単。姿形も美しく、庭先で一緒に遊ばぬ手はない。

　さて、ヒヨドリという鳥は、どうやらケールの魅力を熟知しているらしい。我が庭に足しげく通ってきては、ベリッ、バリバリッと音を立て、実にウマそうに喰いちぎってゆく。

　そう、ヒヨドリの食事法のようにケールは生食する方がよい。とはいえ、さまざまな料理に合うので、細かいことは気にせずに、好みの味つけや食感を存分に愉しむ方が健康によさそうである。

アブラナ科
アブラナ属
ケール

Brassica oleracea var. *acephala*

原産地	地中海沿岸
栽培の歴史	2,600年以上
性　質	2年生
花　期	4〜6月

暮らしぶりと性質

1年を通していつでも元気丸出し。肉厚でカラフルな容姿は存在感も抜群で、庭園を飾るにはうってつけ。普通の園芸植物にないモダニティーが庭師を魅了する。

'ハルプホーヘル'

'青汁ケール'

'レッド・ロシアン'

特記事項

現代の結球するキャベツ、ブロッコリー、芽キャベツ、観賞用のハボタンなどはすべてケールから生まれた。日本には江戸のころにオランダナという名で紅紫色の品種が入ってきたと言われる。栽培が本格化したのは明治維新ごろ。

ケール
"まあるくない"キャベツでござい

　この極めて美しい野菜につき、我が国においてはもっぱら青汁の原料として知られるにすぎぬ。そのため、誤解も多い。

　ケールを遺伝学的に解説すれば、結球するキャベツよりもずっと野生のキャベツ (p.56) に近い。変種名の *acephala* は「結球しない（キャベツ）」という意。耐寒性に優れ、日本でも大変元気に育つ。北ヨーロッパの食卓には欠かせぬ野菜だが、周辺各国ではキャベツのことをケールと呼ぶ。これは勘弁してほしい。我ら日本のガーデナーはしばしば混乱と辟易(へきえき)の壁に挟まれ、呻(うめ)く。

　ふと思い出したが、キャベツとカブはまるで違って見える。けれども遺伝子情報は99〜99.9％同じ（Hannenhalliほか、1999年）。ほんのわずかな遺伝子の違いが、野菜たちの多彩さをあそこまで際立たせているという事実には本当に驚かされる。

　大きな違いもある。ケール、キャベツ、ブロッコリーは同じアブラナ科野菜で、それぞれに改良品種がたくさんあるのだけれど、その栄養価や機能性成分の含有量が数倍から10倍も違う。そしてケールがしこたまこさえる機能性成分の含有量は飛び抜けて多いのである（次項）。

　むかしの青汁のイメージも強く、苦いのではと思われがち。キャベツと比べれば水分量は少ないし、糖質も少なめだ。どっこい真冬のケールはちょっと違う。霜にあたると甘さが増して食感もよくなる。収穫まで長く待たされるキャベツとは違い、必要なときに葉を拝借、ほどなくして新芽が伸びてくるという安心丁寧設計。色彩も豊か、容姿も個性的なので、ヨーロッパのガーデナーは好んでケールたちで庭を飾る。真冬の庭仕事の合間にちょいと味見をしてみれば、クセのない優しい味にびっくりするのだ。

キュウリの
機能性成分例
- ビタミンB_1、C
- ギ酸
- ルチン、カリウム

- 各種野菜がもつ美肌効果（抗エラスターゼ活性、抗ヒアルロニダーゼ活性）にどんな物質が関わっているのかについては、いまも不明な部分が多い。海外論文ではビタミンCが主役を演じているのではないかと報告する。

- ところで、たまに苦みがあるキュウリと出くわすことがないだろうか。キュウリたちは、切断された直後に強い苦みのあるギ酸を出す。食い荒らそうと寄ってくる動物を、追い払う腹づもりと見える。むかしから「切ったヘタと実をこすり合わせれば苦みが和らぐ」と言われてきた。科学的な検証を行ったところ「間違いない事実」であることが証明された（堀江秀樹ほか、2008年）。キュウリも賢いが、丁寧に調べるヒトもちょっとすごい。

美しさ、支えマス

アーユルヴェーダでは、目の下の腫れや日焼けの治療、皮膚の滑らかさの保持、肌のかゆみや痛みの緩和など、優れた美容薬として大いに活用する。日本でもキュウリパックなるものが流行したが、いまや……。

キュウリ

美肌と旦那を支えます

　原産地周辺のアーユルヴェーダでは、美肌効果が知られる。最近の研究でもキュウリの実に抗酸化作用、抗エラスターゼ作用、抗ヒアルロニダーゼ作用が認められるという（Neeleshほか、2011年）。ここでお肌の不思議について、簡単におさらいしてみたい。

　健康で美しい素肌には、エラスチン（elastin）やヒアルロン酸（hyaluronic acid）がたぷたぷと存在している。どちらも表皮やその奥の真皮という組織の間にあって、細胞同士の組織化や構造化をとても柔軟かつ強固に支えつつ、保水性を維持することで、あなたを非常に美しく仕上げてくれている。

　ところが、不摂生や日焼けをして炎症が発生すると、免疫細胞の一種である好中球たちが、それは勢いよくわらわらと集まってくる。彼らはひとまずエラスターゼという酵素を放つ。感染症などが起きぬよう病原菌や異物を破壊するという、とても頼れる酵素である。けれども困ったことに、皮膚のハリを支えるコラーゲン――このコラーゲンをさらに支えているのがエラスチンであるが――これも手当たり次第に分解してしまう。細胞たちを美しく配列する土台がぐらぐらっと揺らぎ、絶望的かつ断崖絶壁なしわしわとなる。これを制御するのが抗エラスターゼ作用なのだ。

　ヒアルロニダーゼも、炎症などの異常が起きるとすぐに現場に向かう。そして美肌効果のあるヒアルロン酸をせっせと分解してしまう。これを抑制するのが抗ヒアルロニダーゼ作用。

　キュウリ栽培は支柱作りがやや面倒だが、あとあと我々の美しさを体内から"支えて"くれるのなら、支柱作りにも熱が入る。そして収穫量の多い男性の象徴は、結局、誰かの支えなしにはまるで成り立たぬという真実にも直面するわけである。

ウリ科
キュウリ属
キュウリ

Cucumis sativus

原産地	インド、ネパール、ヒマラヤ周辺
栽培の歴史	3,000年以上
性質	1年生
花期	4〜8月

暮らしぶりと性質

園芸書の基本に従えば、食べ切れないほど豊作に。水と肥料を欲しがる様子を見せるが、与えすぎるとたちまち病気になるので要注意。風通しのよいところが好き。

協力・岩崎充利・民江氏

黒いぼ品種

黒いぼ品種

特記事項

黄瓜と書いてキュウリと読むように、むかしは黄色く熟してから食べたという。6世紀ごろ日本に渡来し、薬草に使われた。原産地はアフリカだという説もある。しかしながら、古代ローマ人の文献にキュウリとして出てくるのはメロンの仲間である(オックスフォード大学、2011年)。

キュウリ
夜明けの畑ですっぽんぽん

　最高のキュウリの作り方を知ってはいるが、勇気がなく、試したことがない。方法はこう。キュウリのタネは男が蒔く。誰でもよいわけでない。男盛りの者が、朝日が昇る前に裸で蒔く。すると立派なキュウリが確実に育つといい、女性や老年男性が蒔くと小ぶりになる。アメリカ農家の秘伝である（Watts、2007年）。

　とても古い歴史をもつキュウリは、世界各地で多産の象徴とされ、言うまでもなく男根崇拝の対象にもなった。野菜が"崇拝"されるには、まずもって奇跡的なほどの魅力が不可欠だ。キュウリの場合は、驚くほどの収穫量、素晴らしい薬効が尊敬を集めた。しかしある文献では「ビタミンCをのぞけば、栄養学的にはそれほど優れたものではない」とけんもほろろ。これは一般的な理解とよく合致しているわけだが、淑女の皆様が喜ぶ作用も実はよく知られているところである（次項）。

　その栽培史があまりにも古いため、原産地は不明。アジア南部というのが通説で、インドをはじめとする文化圏では解熱剤、体内恒常性の維持、利尿剤、強壮剤となり、熱中症の予防、頭痛の治療、さらには不眠症にも効くと言われ、あげくに日々の疲労感だって心地よく拭い去ってくれる妙薬とされている（Nemaほか、2011年）。ただし、日本の品種とは違うことにご留意を。

　日本にも多数の品種が存在するけれど、スーパーの野菜コーナーで普通に見かけるのは"白いぼ"タイプばかり。ところが"黒いぼ"タイプも存在し、味が濃厚で身が締まっていて、漬物にすると絶品である。スーパーの漬物コーナーにいるキュウリたちはたいてい"黒いぼ"だったりする。

　その美味のほどは、ぜひともあなたが育ててお試しあれ。

キャベツの
機能性成分例

- S-メチルメチオニン
- ビタミンA、B$_1$、B$_2$、C、E、K
- アリルイソチオシアネート

- S-メチルメチオニンは、消化器系の潰瘍を予防するほか、治療効果も示すとされる。
- ビタミンB類に、お酒を飲みすぎたときの酪酊や不快感を軽減する作用があるほか、アルコール依存症の治療薬として注目されたことがある。
- ビタミンKは止血作用を示すほか、骨粗しょう症の予防効果が期待される。
- アリルイソチオシアネートは、抗菌作用がとても高い。アイルランドをはじめとするヨーロッパ各地では、古くからカゼの治療に使ったり、疹湿、切り傷、火傷、打撲傷には生の葉を焼いたり蒸したりしたものを貼って利用した。いずれもキャベツの機能性成分と符合する優れた智慧であったことに疑いの余地はない。

ザワークラウト向きの品種

キャベツの発酵食は、美味しい健康食品として注目を集めている。ただ、普通のキャベツで作ってみて、残念に思った人もあるだろう。ドイツ料理の美味なるザワークラウトは、フィルダークラウトという品種で作られる。これにカボチャのタネのオイルを垂らして愉しむのが中央ヨーロッパ風。新鮮なものほどよい。

さあ、赤ちゃんを取りにゆこうか

　キャベツはさながら人間の青年期がごとく、生命力を漲らせている。古代ローマなどでは「キャベツのそばではなにも育たない」と言われたほど、大地の恵みを存分に得て、大きく育つ。事実、根っこは周囲1メートル、深さ50センチ以上も伸びて栄養をかき集める。よいキャベツを育てるには豊富な水と肥料が欠かせない。

　こうして順調に育ったキャベツは、S-メチルメチオニン（S-methylmethionine：別名キャベジン）などを作るのに汗をかく。人間が摂取すると、体内で必要なたんぱく質の生合成を促進させるほか、消化器系の粘膜を保護・改善する胃腸薬となる。ヒトの体内でも生産されるが、アブラナ科の野菜（キャベツ、ブロッコリーなど）から頻繁に摂取した方がよいと言われる。

　ビタミンKも含まれ、これは出血などの損傷個所を修復する機能をもつ。このビタミンKとS-メチルメチオニンの協働作用は、生活習慣が乱れがちな現代人の体内バランスを見事に調整してくれる。どちらも熱に弱く、水に溶け出してしまうため、生で食べるかスープであますところなく啜るのが最善。

　泥酔を避ける効果を発揮するのはビタミンB類。酩酊や不快感を緩和する作用が知られ、かつてテキサス大学ではアルコール中毒患者の治療薬として本気で研究していた。

　さらに2008年8月14日、厚生労働省の研究班が「アブラナ科野菜を中心に、各種野菜や果物を日常的に食べると、喫煙・飲酒習慣があっても、食道がんのリスクが3分の1まで低下した」と報告した。ひとまず細かいことはさておき、日々の一品に追加して「そろそろ赤ちゃんを取りにゆこうか」といった元気を、もう一度取り戻してみるのはどうだろう。

アブラナ科
アブラナ属
キャベツ

Brassica oleracea

原産地	地中海沿岸
栽培の歴史	4,500年以上
性　質	多年生
花　期	3〜5月

暮らしぶりと性質

栽培そのものは簡単だが、お邪魔虫から守るのがひと苦労。虫に喰われた葉も食べれば美味しい。菜の花よりクリームがかった優しい花色に、ふと心を奪われる。

'テット・ルージュ'

'サボイキャベツ'

特記事項

紀元前2世紀のローマ人、大カトーは峻烈を極める監察官であったが、熱心なキャベツ研究家でもあった。彼は87種類の疾患に効くと説き、キャベツをもりもり食べて暮らした。たくさんの子どもをもうけ、85歳まで生きることができたという。

キャベツ
お母さん、赤ちゃんはどこから来るの？

　キャベツ農家はいつだって、害虫と害獣駆除に忙しい。アイルランドの農家がとりわけ恐れていたのは、ハロウィーンであった。その夜、あらゆるキャベツ畑に若い男女が連れ立って忍び込み、キャベツを根こそぎ奪っていく。なんのため？　恋占いのために。キャベツに土がついていれば、それが多いほど裕福な異性と出逢い、茎が長いほど背の高い相手と結ばれる (R.Vickery、2001年)。キャベツ占いのすぐそばで、占いを口実に外出した男女が密会し、愛を交わす。さらには想い人と畑でバッタリ出くわそうものなら——「赤ちゃんはキャベツ畑から来るのよ」という西洋の美しいお話に、ようやく合点がゆくのではなかろうか。一方のキャベツ農家は、若者たちの愛の炎によるキャベツ潰滅を避けるべく、この日ばかりは寝ずの番を強いられたそうである。

　イギリス東部の海岸から地中海沿岸にかけて、キャベツの原種が、いまもうららかに育っている。見た目は大きな菜の花のそれ。茎はずんぐりと太く、長く伸び、生のままだと非常に苦い。食べるには繰り返し流水にさらす必要がある。栽培の始まりは紀元前2500～2000年と言われ、お馴染みの結球するタイプが出てくるのはずっとあとのこと。この野生種をもとにして、ケール、ハボタン、芽キャベツ、サボイキャベツなどが生み出されてきた。

　現代日本の居酒屋などでキャベツのおつまみはお馴染みだが、実は古代ローマ・ギリシア時代から泥酔を避けるために酒席で食べられてきた。泥酔はかなり古い時代から極めて不名誉な"犯罪"で、飲酒をこよなく愛したアステカ文明圏でさえ「平民が泥酔した場合、初犯では公衆の面前で髪の毛が切られ、住居が略奪と破壊に晒されたが、貴族が泥酔すれば初犯でも死罪」なのだ。

遊んで癒やされて

おもに観賞用のオモチャカボチャは、テーブルやデスクに転がしておく。触感がユニークなのでたまに構って遊ぶ。そのうちなんだか擦り切れた心がじんわりとなごんでくるから不思議である。つい来年も育てたくなり、彼女らの思うつぼ。

カ ボチャ
ヒトとカボチャの不思議なダンス

　カボチャの快進撃はさらに続き、抗酸化作用、駆虫効果、抗変異原性作用(サツマイモの項で詳述)なども実験から有望視され——簡単にまとめると、生活習慣病の予防にはカボチャがよさそうだ、これほど体によいのだから、とにかく貪り喰らうのが上等だ——ということになりそうだが、そうはならぬ。

　特に薬効が高いとされるタネには、詳細は未解明だが、複数の有害物質が含まれているようで、ラットやヒナ鳥を用いた毒性試験において彼らの体にダメージを与えたという(ヒトの成人が普通に食べるぶんには問題なしとされる)。果肉の刺激性については聞かぬものの、もちろんほどほどにしておきたい。

　カボチャの仲間は、果実のバリエーションがはちゃめちゃに豊富。ときに"ワンハンドレッド・ウエイト"のように、収穫には数人がかりという巨大種もある。そこまで育つには、あまりにも多くの環境ストレスを乗り越えねばならぬわけだが、カボチャたちはああ見えて、実は黙々と新しい化学防衛機能を発達させている。結果、巨大な製薬プラントのごとくとなった。

　さて、ペポカボチャという品種がある。一般にオモチャカボチャと呼ばれるもので、おもに観賞用として愉しまれる。結実するとソフトボールくらいの大きさになるが、その色彩と容姿は見事な工芸品のそれ。たくさんの品種が次々と生み出されるので、選ぶだけでも愉しい。栽培もこぢんまりとできるし、手間もかからぬ。ごく一部が食用とされるも、多くは家畜用の飼料となるか装飾用に利用される。

　そう、このお野菜と人間は、本来の生態系の営みからずいぶん横道に逸れて久しいのである。それでも仲よくやっている。

カボチャの
機能性成分例

- 多糖類、カロテノイド類
- ビタミンB_1、B_2、C、E
- 亜鉛、マンガン、鉄

'坊ちゃん'

- **多糖類**とは読んで字のごとく、単糖がずらずらっと繋がったもので、多くの種類が存在する。カボチャがこさえるそれは高機能。血糖値を下げ、インスリンを増加させ、糖尿病やそれに起因するさまざまな疾患を予防・改善すると期待される。また血液中のコレステロールや脂肪分を低下させたりもする。さらには脾臓リンパ球の増殖を助けたり、ナチュラル・キラー細胞の活動を強化させるなど免疫系にも深く関わり、腫瘍を予防・改善すると期待される（Cailiほか、2006年。いずれも動物実験の結果）。
- 高い抗酸化能力をもつ**カロテノイド類**や**ビタミン類**、新陳代謝の改善に関与する**ミネラル類**は、とても書き切れないほど。まさしく畑の製薬工場。びっくり野菜。

タネも美味しい宝石箱

タネは世界各地で食用にされるほか、それから搾った生のオイルは、サラダ用として愉しまれる（濃い緑色をして独特の風味あり）。

栄養素は抜群で、カルシウム、カリウム、リン、マグネシウム、マンガン、鉄、亜鉛のほか、ビタミン各種やリノレイン酸の宝庫。塩炒りも美味。

カボチャ

大地が産んだ"巨大な製薬生物"

カボチャのタネはとにかくバカでっかい。発芽も早く、ひょっこりと顔を出す双葉もぷりぷりっと分厚く、そしてやっぱりでっかい。タネの中身は、どう見ても栄養満点に違いない。

中国を旅したとき、いろんなタネをパリポリしながら歩いた。なかでも美味だったのがカボチャ。これを抗うつ薬とするのが中国式 (Rowland、2003年)。男性のED治療薬としても注目される。いわく、前立腺を強化し、内分泌機能を高め、ホルモンの正常な分泌を促す。カボチャのタネが男性のタネ作りに貢献するだけでもおかしな話だが、ミオシン (myosin) まで含まれる (Chye、2006年)。ミオシンは筋肉の収縮運動に不可欠な物質で、つまりは男性機能におけるタネの発射台まで強化すると解説される。はて、カボチャはいったいなにを企んでおるのか。

糖尿病の治療に有効である、という研究は多い。とりわけ注目されるのが、カボチャの果肉にある多糖類 (polysaccharides)。抗がん作用については、ラットを使った実験で悪性黒色腫、エールリッヒ腹水、白血病に対してカボチャのジュースが有効性を示した。聞き慣れぬ病名が並んだが、とどのつまり、がん化を始めた細胞の増殖を抑えたという研究結果である (Itoほか、1986年)。免疫機能をぐっと高めるという報告もある。果肉に含まれる多糖類によって、ヒトの脾臓でリンパ球が急増し、ナチュラル・キラー細胞の数が増殖したというのだ (Xiaほか、2003年)。さらにさらに、γ-アミノ酪酸 (GABA) も生産している。チョコレートなどの加工食品にやたらと入れられては「ストレス社会と戦うあなたに」とかなんとかで、高血圧の緩和、美味しい精神安定剤として一世を風靡したアレである。薬効はまだまだある。

ウリ科
カボチャ属
カボチャ

Cucurbita moschata

原産地	アメリカ大陸
栽培の歴史	6,000年以上
性　質	1年生
花　期	5〜7月

暮らしぶりと性質

栄養分のカタマリなので、動物たちにつけ狙われる。美しく健康に育ってもらうためには、肥料を追加し、虫を追い払い、支柱を立てて陽光がまんべんなく当たるようにし……。

'宿儺かぼちゃ'

協力・鈴木貴人氏

'シンデレラ'の花

特記事項

天正4年（1576年）には渡来して、長崎で大いに育てられる。元和年間（1615〜1624年）には東京進出を果たすものの、「有毒植物かもしれぬ」と食べる人は少なかった。戦時中疎開していた父がひどく嫌った影響で、筆者も近年までは相当苦手であった。

カボチャ
カボチャ大王の狂騒曲

　ひとまず、カボチャと人間がセットになると、ちょっとおもしろい話になる。お互いに本来の目的をすっかり忘れ、あれよあれよと横道にそれてゆくからである。

　スヌーピーに登場する天才ライナスは、ハロウィーンに降臨するカボチャ大王をひどく恐れた。同じアメリカでも、アラバマの子どもたちは違ったものを恐れる。おねしょを治すために飲まされる、カボチャのタネで作ったハーブティーである（Browne、1958年）。かなり頻繁に口にし、そしてよっぽど不味かったのか、母親とカボチャがセットになれば、子どもらは悲鳴を上げて逃げ惑い、母親はこれを追いまわす。夜ともなれば、町中の家庭でこうしたカボチャ狂騒劇が演じられたことであろう。

　奇妙なことに、同じものを大人が飲むとまるで違う結果になる。

　「アラバマ州に住まうアメリカ先住民たちのなかには、いまだに利尿剤として、カボチャのタネをお茶にして飲んでいる。これは腎臓にとてもよいのだと彼らは言う」（前出）

　つまりここでの主役はお馴染みの果肉ではなく、タネ。原産地のひとつ、古代メキシコでは、水っぽい果肉などすべてうっちゃらかし、タネだけを取り出しては炙って食べた。雄花も煮たりフライにしたりして愉しんだ（『野菜園芸大百科 第2版』第5巻）。

　日本の野菜売り場にあっては、こよなく地味な扱いに甘んじているが、世界の畑や家庭にあっては格別に美味な薬草。その品種は数えるのがバカらしくなるほどで、育て方によっても変幻自在。世界史上最大のカボチャは約1.2トン（2016年、ドイツ）。これだけ大きな実をつける野菜をほかに知らないし、人間もカボチャ自身も、そこまで大きく結実させてどうしようというのだろう。

カブの
機能性成分例
- 食物繊維
- アミラーゼ
- ビタミンB_1、B_2、C

芽だし

- 食物繊維は、「第六の栄養素」と評価されるほど重要。理由は腸内環境（微生物や腸の組織）を調整し、肥満防止、免疫機能の向上、血流の改善が期待されるから。食物繊維は水溶性と不溶性があるけれど、カブは両方こさえる。

- 水溶性の食物繊維は小腸でゼリー状になり、余分な糖質や脂肪分などをくるんで排泄器官へと片付ける。さらに腸の粘膜組織のエネルギー源になるので、とても重要。一方、不溶性の食物繊維は大腸まで消化されず、大腸の微生物が分解する。この過程で微生物が生産したおこぼれを、大腸粘膜組織やほかの微生物がエネルギー源にする。

- 食物繊維で腸の粘膜を支えてあげる見返りがあまりにも大きいことは、誰でも検証可能である。

ダイコンを凌ぐ実力

日本では、80種類を超える品種が各地で育てられている。赤や黒のカブには、アントシアニンが豊富に含まれ、体にも大変よろしい。近縁種のダイコンにもでんぷん類の分解・吸収を促進するアミラーゼが豊富だが、それと同等かずっと多くのアミラーゼをこさえるカブの品種は珍しくない。

'赤かぶ'

'新金時長かぶ'

カブ

1階は食物繊維、2階はビタミン各種でございます

　カブたちは「あなた色に染まります」といった博愛主義的な態度でもって、焼く、煮る、蒸す、擂るなどさまざまな料理法に従順で、あらゆる調味料を黙々と受けとめる。「タネを蒔いときゃ勝手に育つ」といった手軽さもあって、いまも絶大な人気を博す。

　ところで、カブの根（正しくは「胚軸部」という。カブは茎の一部が太ったもの）と葉では、含有成分に明らかな違いがあるのをご存じであろうか。それはもう、まるで違う。

　胚軸部には食物繊維のほか、ビタミンC、カルシウム、アミラーゼ（でんぷんを分解する酵素）が存在する。葉っぱにはビタミンB_1、B_2、Cのほか、カルシウム、カリウム、β-カロテンが豊富に含まれるため（『5訂日本食品成分表』）、ぽいと捨てるのはとてもとてももったいない。葉のカルシウムに至っては、ホウレンソウの4倍。こうなると立派な緑黄色野菜といえ、実際にアメリカでは葉っぱを野菜として出荷している。

　陽当たりがよい場所に植えてやれば、ビタミンCの生産量がぐんぐんと増えてゆく。ビタミンCは細胞組織を活性酸素の猛威から保護し、肌のハリや色艶を実現するコラーゲンの形成を助ける。がんの発生を防ぐとか、細胞の寿命を長くするといった話もあるが、こうした抗酸化作用がもっとも高いのはなんと花芽であった（Fernandesほか、2007年）。もちろん、これも美味しい。

　カブを薬用としたのは日本人も同じ。しもやけにはこれを擂りおろし、塗りつけた。タネを擂って酢と混ぜたものを塗れば、肌の色艶が美しくなるほか、なんと脱毛症（頭髪、眉毛）にも効くと言われた（『新訂原色牧野和漢薬草大図鑑』）。ところでカブは日本の野菜と思われがちだが、多くは海外品種がもとになっている。

アブラナ科
アブラナ属
カブ

Brassica campestris subsp. *rapa*

原産地	ヨーロッパ、アフガニスタン（詳細不明）
栽培の歴史	2,000年以上
性　質	1年生
花　期	3〜5月

暮らしぶりと性質

それはマイペースに伸びやかに暮らす。好き嫌いを言わず、どこでも元気に育つので、よき友人になる。花も愛らしい。新鮮なカブの酢漬けは美味。機能性成分もたんと摂れる。

'新金時長かぶ'

'聖護院大かぶ'

'東京長かぶ'

特記事項

古代の日本と中国では、凶作になりそうなときにカブを植えて難を凌いだという。中国の名軍師・諸葛孔明が、陣中でカブを作らせたことから諸葛菜と呼ばれていた。日本各地に独特な品種が受け継がれているので、旅行のちょっとした愉しみに。

可愛いジャックはカゼに効く

　ハロウィーンといえばカボチャ。ところがジャック・オー・ランタン（Jack-o'-lantern）の原型はカブ。ヨーロッパから北アメリカに移住が始まるころ、カブが手に入らず、仕方なしに自生するカボチャで代用された。それがイギリスに逆輸入され、いまに至る。ありし日のジャック・オー・ランタンは、ずいぶんと可愛らしいサイズで楽しまれていたようだ。

　カブは、古代ギリシア・ローマの君主や賢人はもちろん、一般市民からもたいそう愛された。ところが、中世に入るや世評は激変。当時のヨーロッパ医学界において燦然たる権威を誇っていた『サレルノ養生訓』はこのように酷評する。

　「カブは腹部にガスを溜めるほか、歯をぐらつかせるようになる。腎臓を痛めるし、誤った調理法で食べれば消化不良を起こす」（Hickey、1990年）

　聡明な庶民たちは知識層の戯言には目もくれず、家庭のカゼ薬として日常的に愛用した。たとえばこんな風に――まずカブを薄めにスライスして、皿の上に並べ、砂糖をふりかける（黒砂糖を使う地域もある）。1～2日ほどそのままにしておけば、皿にジュースが溜まるので、スプーン1杯ぶんを適量として飲む（Olivier & Edwards、1930年）。この方法はイギリスで広く利用され、アメリカではもっとシンプルに「摺りおろしたカブにハチミツを加えて飲むとカゼに効く」とされた（Stout、1936年）。

　現代の知見によれば、カブにはビタミンCが豊富。カゼなどを早く治すにはビタミンCを効率よく補給することだが、糖分を一緒に摂るとさらに効果的と言われる。古来、庭先にジャックを棲みつかせることで、家族の健康は守られてきた。

オクラの
機能性成分例

- ケルセチン類
- 葉酸
- ビタミンB_1、B_2、C、E、K

'島おくら'

- **ケルセチン類**は多くの漢方薬に含まれる特殊機能成分。抗腫瘍、抗酸化作用が高いと評価される。血管を弛緩させる作用も知られ、血流を改善することで心臓病や脳梗塞の予防効果が期待される。さらに、体脂肪を減らす作用も判明し、肥満の改善・予防の効果が研究されている。タマネギが大量に含有するが、これはケルセチンで紫外線の弊害を減少させたり菌類などから身を守るためと言われる。
- **ビタミンB_1**は神経系の働きを保護。ビタミンB_2は皮膚や粘膜の再生や維持に欠かせない。
- ほかに、**レピジモイド**(左頁)が含まれる。ヒト体内での影響は不明だが、有用植物の成長を促す作用が農業・園芸面で期待される。

ダビデの星と呼ばれるオクラ

'スター・オブ・デイビッド'は、イスラエルの伝統品種と言われる。ヒルカントリー・レッドと同様で、巨大なサヤが次々と天を突く。大味そうに見えるが食べると美味。スープや煮込み料理との相性が抜群。"ダビデの星"という名は、切り口の形がユダヤ民族を象徴する印とそっくりなことから。

オクラ
旬が短い美のネバネバ

　オクラという名は、西アフリカの現地語「ンクラマ」という発音に由来する英名で、「世界共通語である」と聞いていた。しかし、アフリカで「これはオクラでしょ」と言っても、仏語で「なにそれ。知らないわ」と笑われ、ひどくモヤモヤした。ただ、あのネバネバを愛する点だけは確かに万国共通。「ゴンボ（オクラの仏語）は体にいい。お肌にもいいから、私はしょっちゅう食べるのよ」と現地女性が笑いながらスプーンでねばぁーっと持ち上げた。

　さて、あのネバネバ、その正体はよく分かっていない。2種類の酸性多糖と糖タンパクからできていて、その分子量は1,000万にも及ぶ巨大化合物。細胞の中身が外に出ることで、ネバネバになるらしいが、刻々と変化するので追跡がむつかしい。

　広く一般的に言われるところでは、これを食べると消化吸収を助け、血流を改善し、腸内を綺麗にする……などなど。ではオクラ自身にとってはどうなんだという想いで頭がいっぱいになり、調べてみたらばあった、ありました。

　レピジモイド（lepidimoide）という物質は、ガーデンクレスという食用植物のタネから見つかった。このタネ、自分が発芽するときに近くの植物の根っこまで成長させる。この成長促進物質がレピジモイドで、根っこばかりか全草の発育を促し、光合成を盛んにさせ、老化の進行も防止する。さまざまな植物で発見されたが、なかでもオクラの未熟果に含まれるネバネバに豊富だという（広瀬克利、2003年）。農業資材として有望視されるが、オクラの美しさのナゾについてもちょっとだけ近づいた気がする。

　さてオクラは未熟果を食べるが、収穫適期はとても短い（5日間ほど）。美容と美味のタイミングは実にシビアである。

アオイ科
トロロアオイ属
オクラ

Abelmoschus esculentus

原産地	アフリカ東北部
栽培の歴史	800年以上
性質	1年生
花期	6〜9月

暮らしぶりと性質

砂漠地帯が故郷なので、水切れを起こしても葉が萎れないが、さすがに機嫌が悪くなり成長しなくなる。栽培種は肥料も多く要求するが、それだけ結実も多くなる。

'ヒルカントリー・レッド'

'ヒルカントリー・レッド'

'ヒルカントリー・レッド'のタネ

特記事項

幕末から明治初期にかけて渡来。長いこと好事家らが観賞用に栽培するにとどまり、食用にされることは滅多になかった。いまでは家庭菜園でも愉しまれ、海外品種も多い。

オクラ
全身これ薬局

　なにしろハイビスカスの親戚なので、立ち姿のカッコよさといい花の妖艶さといい、ガーデナー垂涎のお野菜である。アフリカ西部を生まれ故郷とするためか、厳しい環境にもめげることを知らず、土質も酸性から弱アルカリ性まで見事に適応してみせる (ph5.5〜8.0)。一方で寒さには弱く、日本の虫にも弱い。

　原産地のアフリカでは家庭の煮込み料理でよく使われ、筆者も食べた。これが美味しい。日本のそれと違ってオクラの旨みが濃厚であった。中東やインドでも飛び抜けた人気野菜である。

　世界に目を向ければ、全草があますところなく利用されている。インドやネパールでは葉も食用にするほか、インドのアーユルヴェーダでは花、タネ、根っこの抽出液を鎮痙薬、発汗剤、利尿剤、強壮薬、傷の治療薬とする (Kumar ほか、2013年)。原産地アフリカでも伝統的な薬用利用があり、お馴染みの未熟な果実をカタル性炎症、排尿困難、淋病の治療薬とし、完熟したタネは鎮痙薬、興奮薬にしてきた (*Handbook of African Medicinal Plants, Second Edition*、2014年)。

　ことにタネは珍重される。乾燥させローストして挽いたものはカフェインレスのコーヒーになる。タネから採れる油はリノレイン酸に代表される必須不飽和脂肪酸の宝庫で、調理油として使われる。ひときわ変わった利用法は水の浄化設備であろう。乾燥させたタネを粉末にして汚濁水を浄化するというもの。

　オクラを収穫したあと、ぽつねんと残された茎も"大事だいじ"な資源で、繊維の原料になる。ちょうどオクラの花のような、美しいクリーム色の紙ができるという。

　次はいよいよ、オクラのネバネバの話である。

エンダイブの
機能性成分例
- ヒドロキシ桂皮酸誘導体類
- セスキテルペンラクトン類
- ビタミンA、C、カリウム

- ヒドロキシ桂皮酸誘導体類がエンダイブに含まれると、イタリアの研究チームは報告する。これは化粧品の素材（美白、日焼け防止など）として有名な成分である。
- セスキテルペンラクトン類は、とりわけ多彩な薬効をもたらす成分。チコリ（p.102）とレタス（p.188）の項にて詳述。
- ビタミン類、ミネラル類も豊富で、抗酸化力もなかなか。
- 中国の研究チームはエンダイブの抽出液に肝臓を保護する機能性成分、ケンペロールを見出した（Chenほか、2011年）。肝臓病の予防や治療は手段が限られている。新しく手軽にできる選択肢が増えるのはとてもありがたい。

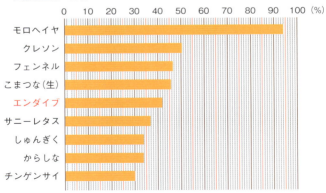

抗酸化能力の比較

（上江洲榮子ほか、2005年より抜粋・構成）

エンダイブ

サラダ世界の名指揮者

　前項でひとしきり解説したものの、エンダイブとチコリを明確に区別するメリットは、いまのところ、ない。でも「自分で育てて収穫したい」という人には重要である。エンダイブは1年生で、毎年、タネを蒔く必要がある（チコリは多年生）。エンダイブは栽培が簡単で、成長がとても早く、霜が降る真冬でもいじらしく育つ（チコリ類はゆっくり育つ）。

　そしてエンダイブは「ほろ苦さが持ち味」と言われるが、普通に育てると「どえらい苦さ」なのだ。大規模栽培では、収穫の1〜2週間前に太陽の光を遮断することで、苦みを軽減する。植物工場における水耕栽培では、苦み軽減処理が施され、廉価なカット野菜パックに詰め込まれたりもする。なにしろビタミン類、ミネラル類、繊維類が豊富な健康野菜であるだけでなく、エンダイブのほろ苦さはアクセントになり、ほかの食材を引き立ててくれる。

　日本人に嫌われがちな苦み成分は、切断面からほとばしる乳液にある。チコリやレタスにも含まれる偉大な薬効成分で、その詳細は、それぞれの項目でご案内する。ひとまず、この見慣れない野菜を美味しく食べる方法は、意外にも生サラダ。エンダイブの場合、炒めるとビタミン類などの損失が著しい。「流水で乳液分をよく洗い流す」と苦みを軽減できるが、これでは乳液に含まれる重要な薬効成分を失い、エンダイブを愉しむ甲斐も排水口の奥底へとあえなく消えてゆく。ドレッシングがよい（堀江秀樹、2011年）。酢の成分が苦み物質の発生を抑え、試食実験においても「苦味が軽減した」と答える人が多かった。

　そしてあまり知られていない事実として、霜にあたったエンダイブやチコリは、甘みが強くなり、美味。栽培者だけの特典。

キク科
キクニガナ属

エンダイブ

Cichorium endivia

原産地	地中海沿岸
栽培の歴史	2,000年以上（詳細不明）
性　質	1年生
花　期	6〜7月

暮らしぶりと性質

日本の関東以南なら、冬も露地で栽培できる。ワシャワシャこんもりと茂る縮れ葉タイプは、冬の庭先を美しく飾ってくれる。

タネ

特記事項

日本には17世紀末ごろにやってきたが、知名度はいまもパッとしない。秋にタネを蒔けば冬に収穫できるほか、水耕栽培が容易なので「工場生産」も盛ん。軟白処理をしないと非常に苦いが、食べ慣れると美味しく感じるようになるから不思議。

エンダイブ
古典野菜のカオスな調べ

　あなたの食卓に、ひっそりと紛れ込んでいるかもしれない。日本での需要は20世紀後半から右肩上がりなのに、お茶の間での知名度はパッとせず、華々しい称賛を受けることがまるでない。

　古代の地中海世界において、もっとも古くから栽培が始まったとされる植物のひとつ。古代エジプト文明圏では、薬草として活躍。そこからアジア、ヨーロッパ各地へと広がり、現代のフランス、ベルギー、イタリア料理で大活躍するほか、東南アジア諸国でもエンダイブは大変な人気を誇る美味な野菜である。

　風味の魅力をお話しする前に、まずは厄介な仕事を片付けておかねばならない。エンダイブたちはチコリ（p.100）と血縁が近い。おのずと姿も似るので、世界各国で「どれがエンダイブでなにがチコリか」と混乱している。話をややこしくしたのは、どうやらフランス人のようだ。エンダイブは仏語で「シコレ」（*chicorée*）≒チコリ、チコリは仏語で「アンディーヴ」（*endive*）≒エンダイブである。実際、フランス料理での呼び名がそのまま各国に広がってゆく。フランスではなんとかチコリで、アメリカではなんちゃらエンダイブというが、実際は同じ品種――といった素っ頓狂な事件が多発するのだ。新品種が登場する度に、「本当はどっちなんだ？」とガーデナーは兇器みたいに分厚い園芸事典との格闘を強いられる（つまり「なにとなにを交配した」という情報から、国内外の園芸事典でそれぞれの由来を調べる）。あなたがガーデナーでなければ、さほど心配するには及ばない。エンダイブにはおもに2種類あり、葉が縮れるタイプと広葉のタイプに大別される。カオスのただなかにあるのは広葉のタイプ。日本国内で広く流通しているのは葉が縮れるタイプである。

インゲンマメの 機能性成分例

- タンニン、ビタミンB_1、C
- アスパラギン
- アントシアニン、カルシウム

マメを食べるタイプのインゲンマメ

- タンニンは有害物質できつい苦みをもち、昆虫や動物の栄養吸収を阻害する。植物は感染症予防や大事なタネを活性酸素などから保護するために、タンニン類を生産する。また人間細胞の大事な脂質類、DNAなども活性酸素から保護してくれる。
- ビタミンB_1は糖質の代謝で大活躍する。神経系や脳は糖質をエネルギー源にするので、ビタミンB_1は非常に重要。しかし糖質が多い食事や飲酒などが続くと働き手であるビタミンB_1が不足して神経炎などを起こしやすくなる。
- ほかに古来、腎臓病、膀胱疾患、男性機能障害に効いたのは、**アスパラギン**の排毒効果や疲労回復（代謝機能の促進）効果のおかげだろうか。

虎模様のボルロット

ボルロットは、イタリア産の有名品種。素朴な立ち姿だが、純粋な優しさにあふれる。マメやサヤに個性があり、独特の文様を浮かべる。クリーミーな食感が素晴らしいと評判で、煮物やスープで愛される。

'ボルロット'（ツルなし）

'ボルロット'（ツルなし）の花など

インゲンマメ

ビタミンB₁愛好家

　そのマメには良質の**たんぱく質**、**ビタミンC**、**カロテン**、**食物繊維**などがたんと含まれ、**カルシウム**、**鉄分**、**亜鉛**などのミネラルも豊富。

　おもしろいのは**ビタミンB₁**。あなたが食べた炭水化物をエネルギーに変換するという大仕事を、やすやすとこなしてくれる。さらに皮膚や粘膜を保護して健康なバランスを維持するという、実にありがたい物質である。インゲンマメたちは自分でこれを生成してみせるが、彼らにビタミンB₁を与えた場合、花の数、サヤの収穫量がぐんと増えた（飯島、1955年）。ちょうど生育が盛んなときに、葉っぱや土壌に与えてやると大変ご機嫌になる。

　できたマメは、**基本的に有毒**。加熱が不十分なマメを食べて**集団食中毒**を起こす事故が、日本をはじめ世界各国で起きている（拙著『身近にある毒植物たち』ほか）。症状は短期で平癒するも、**急激な嘔吐・腹痛**に苛まれてはたまらない。

　最後に品種もおもしろい。一般に知られているのは、ツルをぐんぐんと伸ばすタイプで、収穫量も多い。変わったデザインで魅せる品種もあって、育てるのは愉しい仕事となる。「支柱を立てるのが面倒」という方は、ツルが伸びない**矮性種**を試してみたい。なかでも**ベニバナインゲン**は、野菜と思えぬほど妖艶な雰囲気を演出してくれる。性格もとても変わっていて、発芽のとき、普通のインゲンならば双葉を元気よく地上で広げるが、ベニバナインゲンたちは「地上に双葉なんて……」といやに恥ずかしがり、地面の下で葉を開く。彼女たち、北アメリカではマメを実らせない。しかし日本の場合、長野県以北ならしっかり実ると言われ、我が埼玉県でも、可愛らしいマメをいくつもぶら下げてくれた。

マメ科
インゲンマメ属

インゲンマメ

Phaseolus vulgaris

原産地	アメリカ大陸（詳細不明）
栽培の歴史	詳細不明
性　質	1年生
花　期	5〜7月

暮らしぶりと性質

とにかく元気者で、初夏になると駆け出すかのように伸び上がる。真っ先にカメムシたちが大勢で収穫に来るので気が抜けない。支柱を立てないと、成長が悪くなる。

'虎丸うずら'

'ボルロット'（ツルあり）

'虎丸うずら'の花

特記事項

日本には、江戸期の1654年に帰化僧の隠元禅師が伝えたというのでその名があるが、それ以前に渡来していたとする説もある。夏に収穫期を迎えるものの、基本的に冷涼な気候を好むため、日本の生産量の90%が北海道産となっている。

イ ンゲンマメ
しゃっくりに効く美味なるタマタマ

　世界中でもっとも愛される食材のひとつがマメ。なかでも絶対的な人気を誇るものは、6種。ソラマメ、ダイズ、ラッカセイ、エンドウ、ヒヨコマメ、そしてインゲンマメ。

　インゲンマメの出自に触れることはなかなか勇気がいる。第一に、インゲンの野生種や原種と思われる植物が発見されていない。第二に、いまでは千種類を超える品種が存在するが、「そもそもどこまでをインゲンマメとするか」といった、多くの人にとっては心の底からどうでもいいことに、血で血を洗う壮絶な抗争がある。第三に足跡。インゲンマメを発見したのは16世紀にアメリカ大陸にやってきたスペイン人とされるが、異論もある。まず古代エジプトでの伝承があり、「マメの形が男性の睾丸に似ている」ということで、神聖視されつつ、食用にするのをひどく嫌った(『英米文学植物民俗誌』)。中世ペルシア(10〜12世紀)の文献にも登場する。当時のペルシアといったら医学研究の総本山で、研究熱心な開業医たちが莫大な臨床研究を積み上げていた。ED治療(男性の性的機能に関する障害)は、実のところ古代文明時代から重要な研究分野であり続けてきたが、ペルシア医学で推奨していた"治療用の食材"が、アーモンド、ココナッツ、ピスタチオ、ナツメヤシ、カブ、タマネギ、ソラマメ、インゲンである(Ghadiri & Gorji、2004年)。この論文では一応インゲンマメの学名が添えられているが、詳細は不明。結局、いつから睾丸的なマメになったのかすら分からない。

　民間治療薬としては、腎臓病や膀胱疾患などの特効薬として、フランス人が愛用した(Palaiseul、1973年)。原産地周辺のマヤ文明ではしゃっくりに効く妙薬とされた(Roys、1931年)。

抗酸化酵素の活性（改良品種と野生種の比較）

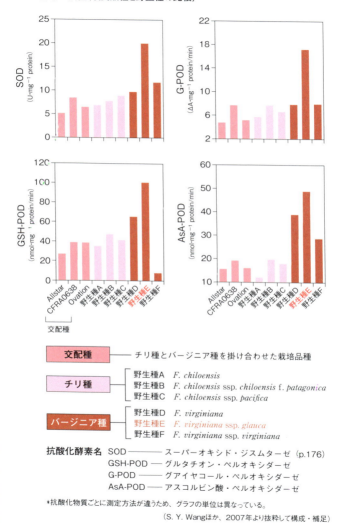

*抗酸化物質ごとに測定方法が違うため、グラフの単位は異なっている。

（S. Y. Wangほか、2007年より抜粋して構成・補足）

イチゴの仲間

みなぎる生命、あふるる薬効

　活性酸素は、細胞の正常な営みとあなたの美貌を暴力的に破壊するエネルギーをもつギャングの総称である。抗酸化酵素は、こうしたギャングどもの暴虐無尽ぶりを実に洗練されたやり方で鎮圧する能力をもつ。イチゴたちは大事な我が子(タネ)を守らんがため、果実(実は茎の一部である！)に特殊な抗酸化酵素をたんとこさえてタネを保護するが、これを食べる動物にも恩恵をもたらす。右図はそうした特殊な抗酸化酵素の活性につき、品種ごとに比較したもの。これが、とてもおもしろい。

　比較に使った品種は、栽培種のオランダイチゴと、その原種となった野生のバージニア種、野生のチリ種の3種類。まずは野生種の活性の高さが目を惹くが、なかでもバージニア種は素晴らしい傾向を示す。とりわけ魅力的なのが $F.\ virginiana$ ssp. $glauca$。抗酸化酵素の活性がひときわ高い。同じ研究でビタミンCについても調べられたが、この品種がトップに輝き、それゆえか、ヒト肺がん細胞(A549)の増殖を阻害する働きも見られた。この品種自身、イチゴによく起きる病気(根こぶ線虫、葉焼け、葉枯れ、ウドンコ病など)に高い抵抗性を示すといい、しかもイチゴは「とても美味である」と論文にあるからたまらない。多くの野生イチゴを食べてきた自分としては、これはぜひとも食べ比べてみたい。そのうち育ててみようと目論んでいる。

　さて前述のように、コーンウォールの少女たちは野生イチゴの葉っぱで美顔に勤しんだ。栽培イチゴの研究ではあるが、その葉に美白増進物質が豊富に含まれていることが分かってきた(大原祐美ほか、2008年)。少女たちの美の切望に、イチゴたちはずいぶんと長く寄り添ってきた。感謝を込めて育ててみるのも愉しい。

バラ科
オランダイチゴ属

エゾヘビイチゴ

Fragaria vesca

原産地	ヨーロッパ、アジア、北米など
栽培の歴史	5,800年以上
性　質	多年生
花　期	3〜12月

暮らしぶりと性質

四季咲き品種は一年中楽しめる。放置しても殖えてくれるが、たまに忽然と姿を消す。面倒を見てやればとても喜び、たくさんの実を鈴なりにしてくれる。

'アルパイン'

'ゴールデン・アレキサンドリア'

特記事項

結実期はとても甘い芳香が立ち込める。白実品種はフルーティーな風味が魅力。葉の色もゴールデンタイプがあり、庭先や菜園を美しく飾る。アルパイン種とアレキサンドリア種は走出枝を出さないタイプで管理もしやすい。

イチゴの仲間

うろつきまわる錬金術師

　生き物とはおもしろいもので、よい者同士を掛け合わせても完璧にはならない。野菜も然りで、イチゴがその好例。

　栽培種の**オランダイチゴ**は、すでにご紹介したように、北アメリカの**バージニア種**（*F. virginiana*）と南アメリカの**チリ種**（*F. chiloensis*）から生まれた。日本にも**エゾノクサイチゴ**、**シロバナノヘビイチゴ**、**ノウゴイチゴ**が野生しており、小さな実をぼんぼりのようにちょんちょんと愛らしくぶら下げる。よく熟した実の芳香や風味は抜群で、濃厚なイチゴ味に完熟マスカットを思わせるフレーバーがふわりと広がって、まさに口福。栽培イチゴにはない豊穣さがあり、庭先でも簡単に育てられるのがまたよい。後述のように、野生イチゴたちは**病害虫への抵抗性が抜群**な一方、殖えて移動してまた殖えることに夢中になるので、その間、実をつけることをすっかり忘れてしまう。しばしば庭先に出ては、連中が伸ばした走出枝を摘み続けると、ようやくあきらめ、花を咲かせて実をつけるようになってくださる。ちなみにイチゴひと株が出せる走出枝の数は少なくて4〜5本ほど、多いと100本を超える（品種による）。そこから生まれた子株すべてが、同じだけ走出枝を出して子株をこさえることができるのだ。

　これらの野生イチゴ、**ワイルドストロベリー**には、たくさんの改良品種がある。殖えすぎて困るというなら、走出枝を出さない品種もお勧め。白実品種はことのほか美味で、とことん殖えてほしいと思うのだけれど、残念なことに走出枝を出さないタイプだ。

　さて野生種の持ち味は、やはり洗練された生命力にある。そこから生み出される錬金術の数々は、人間にも驚くほど多くの恩恵をもたらしてくれる。

エラグ酸とエラジタンニンの含有量

単位：μg・g⁻¹（凍結重）

実験1年目

園芸改良品種名	エラグ酸類合計	エラグ酸	エラジタンニン
Osmanli	341	11.3	330
Nida	322	21.4	301
Laura	243	21.1	222
EM894-1	230	ND	ND
Florence	226	ND	ND
ITA93-971-59	218	12.7	206
Cigoulette	217	6.7	210
ITA91-355-3	208	7.9	200
EM676WF	206	11.7	194
Jaune	201	5.0	196
Sophie	192	7.0	185
EM1088	190	11.8	178
EM1089	181	16.2	165
⋮	⋮	⋮	⋮
Honeoye	84.4	10.9	73.5
Tango	79.2	4.3	74.9
Hapil	60.0	ND	ND

実験2年目

園芸改良品種名	エラグ酸類合計	エラグ酸	エラジタンニン
EM1055WF	255	9.1	246
Florence	250	8.2	241
Symphony	239	12.6	227
EM1107WF	236	5.7	230
Alice	235	10.1	225
Honeoye	232	11.2	221
Mira	230	18.5	211
Elsanta	223	8.1	215
Ciloe	205	5.8	199
Darselect	194	5.5	188
Evangaline	191	ND	ND
Cambridge Favourite	187	9.8	177
Osmanli	165	9.7	155
Oka	155	ND	ND
Sophie	138	9.0	129
Onda	134	4.4	129
St William's	102	5.5	96.1

……白実品種

ND…………検出レベル以下

＊実験1年目に調査された品種は、イギリスで生産された45種類。実験2年目は17種類。1年目と2年目に共通して実験された品種は、代表品種に限られている。

（C. J. Atkinsonほか、2006年より抜粋して構成・補足）

エラグ酸類の含有量は同じ品種でも「一定しない」。

	1年目		2年目
Osmanli	341	→	↓165
Sophie	192	→	↓138
Honeoye	84.4	→	↑232

イチゴの仲間

さよならメラニン、こんにちは白イチゴ

　人間が神々に捧げるずっと前から、神々はイチゴに愛を捧げていたのではなかろうか。というのもイチゴたちが抱く生命力や身体機能は到底尋常ではなく、あげく見事に、無数の薬理研究者たちをけむに巻く姿も、なんだかとっても魅力的である。

　たとえば近年、美容液や化粧品に好んで使われているエラグ酸（ellagic acid）は、肌の黒ずみの原因となるメラニン生成を阻害するとして、シミ予防や美白効果などが注目される。エラグ酸はよく熟したオランダイチゴに豊富で、「継続的に食べると効果的」と言われるが、自然界はそんなに甘いものではない。

　オランダイチゴの実のなかでは、エラグ酸よりもエラジタンニン（ellagitannin）という形で生産・保管されている場合が多く、どちらもメラニン生成を抑える作用が知られる。それどころか高い抗酸化作用、抗変異原性（突然変異を抑制する）、抗発がん作用があるとの報告が続き（Vattemなど、2005年ほか）、さらに強力なアンチエイジングまでも期待される。

　どっこい、悩ましいことも分かった。エラグ酸とエラジタンニンの含有量は"品種"によって「10倍ほどの差がある」（Maasほか、1991年）。イギリスのC. J. Atkinsonらは、多数の栽培イチゴを調べることにし、1年目は45種類、2年目は17種類を相手に、その実情を明らかにした。右図はその抜粋である（栽培条件はすべて同じになるように管理された）。品種ごとの含有量は確かにてんでんバラバラであるほか、1年目にトップを飾っていた品種が2年目の栽培で「含有量半分以下」に急降下。理由は判然とせぬが、生き物らしい反応でごく自然なことに思われる。研究チームが「意外だった」としたのは、白実品種が高い含有量を示したことだ。

バラ科
オランダイチゴ属
オランダイチゴ

Fragaria × ananassa

原産地	ヨーロッパ
栽培の歴史	250年以上
性　質	多年生
花　期	3〜4月

暮らしぶりと性質

肥沃な場所に植えた親株より、枝伝いに脱走した子株が大きく育つことも。やや失敬な連中ではあるけれど、一緒に暮らすのはとても愉しい。

白実品種'淡雪'

特記事項

イチゴの果汁には、人体での潰瘍発生、がん細胞増殖をプログラムしているAP-1やNF-κBの活性化を抑える機能も期待される（Wangほか、2007年など）。ビタミン類やミネラル類も豊富な"甘い薬草"。

イチゴの仲間
女神たちの慈愛と美肌と男気と

　天上界の庭園を彩る植物として、中世の芸術家はイチゴを描くことを忘れなかった。古代から正義・有徳の象徴とされ、北欧神話では最高神オーディンの妻フリッグ（豊穣・愛・結婚の神）に捧げられた。不幸にも幼くして死んでしまった子どもたちの魂を、フリッグはイチゴの葉の下に隠して秘かに天国へ誘ったという。この美しいモチーフは、のちのキリスト教の伝播に伴って、そのまま聖母マリアに引き継がれることになる。

　ところがイチゴの暮らしぶりを見ていると、どう見ても男性的。走出枝（ランナー）を次々と伸ばし、行く先々で根をおろす。"分身"をたくさんこさえ、分身自身も走出枝をたんと生やして分身をこさえ……。あたり一面を陣取って嬉々とする。こうして体力をすっかり使い果たした連中は、美味しい実をつける気力を失うのだ。いささか可愛げに欠ける性格でありながら、女性神に捧げられたのが不思議だったが、古いイギリスの伝承を知り、得心がいった。
――コーンウォール地方の少女たちが信じていること。野生のイチゴの葉で皮膚や顔を撫でると、色艶がよくなる。

　イギリスの本草学者ジョン・ジェラード（1545～1611/12年）も「よく熟したイチゴの実は喉の渇きを癒やして消し去るだけでなく、しばしば食べることで顔色をよくする」と記す。

　さて、野生のイチゴは世界各地に自生する。より大きく育つ栽培イチゴ（オランダイチゴ）の原型は18世紀に生まれた。ヨーロッパに連れてこられた北アメリカ産のバージニア種と南アメリカ産のチリ種を交配したものだ。これをもとにしてずっと美味しいイチゴの改良が進められるが、近年、薬効を高める研究も盛んである。それも、女性の美容にとてもよいらしい。

アスパラガスの
機能性成分例
- アスパラギン、ルチン
- S-メチルメチオニン
- ビタミンA、B、C、E

- アスパラギンはアミノ酸の仲間で苦みをもつ。加水分解されると、旨み成分として知られるアスパラギン酸が生じるからおもしろい。アスパラギン酸は細胞の代謝機能を補強・改善してくれるほか、肝臓機能の保護、排泄作用の促進、腸の栄養吸収の強化を行う。また神経伝達物質として働くため、とても重要。
- ルチンには、血管の再構築や血流改善作用が期待される。ソバやイチゴ類にも含まれるが、アスパラガスの若芽に豊富。
- S-メチルメチオニンは細胞分裂を促すほか、胃腸に潰瘍ができるのを防ぐ作用が知られる（p.58）。
- 春先のものは特にルチンとビタミンCの宝物庫。ムラサキアスパラガスはとりわけルチン、ビタミンC、ポリフェノールの含有量が多い。

若返りのハーブ？ シャタバリ

アスパラガスと同じクサスギカズラ属のシャタバリ（*Asparagus racemosus*）は、インド、ヒマラヤ周辺山地の岩場などで静かに茂る。しかし、とても高い薬効があだとなり、乱獲の危機にある。茎の鋭いトゲが特徴で、刺さると非常に痛い。この根茎は特に薬効が高いとされる。関東以北で育てるなら冬期は室内に入れる。

ア スパラガス

もじもじして待つ子孫繁栄

　アスパラガスの仲間で、ヒマラヤ周辺に棲みつくシャタバリという種族は、ちょっとすごい。インド大陸の伝統医学、アーユルヴェーダでの適応症たるや、結核、糖尿病、赤痢、下痢、胃酸過多、疲労回復、流産体質の改善、安産、母乳の促進などなど。特別に珍重されたのは"若返りの効果"で、美肌によし、スタミナ増強によし、"媚薬としての特効性"も素晴らしいと続く。

　インドの生化学研究によれば、実験用ラットにシャタバリの含水アルコール抽出液を与えたところ、「顕著な媚薬活性が認められた」とする（Waniほか、2011年）。「生体内における抽出成分の管理法について、さらなる詳細な研究を要するにしても、性的な障害に悩む両親らにとって、これは朗報となるだろう」と結ぶ。

　子どもを切望する人々のために、副作用のある合成薬ではなく、より安全な自然調薬を探求する活動は、いまや世界レベルの緊急課題である。こうした最先端の研究成果が積み重なるにつれ、野菜たちの実力について、これまでかなり過小評価をしていたことに、我々は気づき始めている。そして子孫繁栄や若返り効果は、シャタバリやアスパラガス類の専売特許などではなく、ほかの野菜でも広く研究されている。

　ところで、アスパラガスにはオスとメスがある（雌雄異株）。栽培ではオスの方が好まれるが、味や品質に明確な差はなく、花が咲くまで区別はほとんど不可能。初夏に広げる葉（擬葉：茎の一部）は、最上級の羽毛がごとき流麗さがあり、其処此処に、ちょこなんとあしらわれるベル形の花と、美味しそうに熟する紅い結実も控えめで愛らしい。収穫はすぐにはできぬ。2～3年目の春から行われるのが普通で、もじもじして待たねばならない。

キジカクシ科
クサスギカズラ属
アスパラガス
Asparagus officinalis

原産地	南ヨーロッパからロシア南部
栽培の歴史	2,000年以上
性　質	多年生
花　期	5～7月

暮らしぶりと性質

ポーランドなどでは草原に群れる野草雑草。肥沃な庭に招くと丈夫に育ち、何十年も収穫できる。やたらとなにかに寄りかかりたがる甘えん坊なので、支柱は必須。

'ムラサキアスパラガス'

特記事項

日本には天明年間（1781年）より前に長崎に伝わっていたが、当時はもっぱら観賞用で人気はサッパリ。収穫した若芽は意地でも成長を続けようとするので、次第に硬くなる。早めに召し上がるのがよい。

ア スパラガス
幸せ運ぶ新たな家族

　アスパラガスをあなたの家に招くことは、新しい家族を迎えることにほかならない。古代ヨーロッパや北アフリカでは、人生最大の祝宴である「婚礼の儀」において、決して欠かせぬ食材であった。長寿と子孫繁栄を約束する薬草であったからだ。

　紀元前4000年にはすでに、古代エジプト人がアスパラガスの驚異的な生命力と貴重な薬草としての真価を看破し、それはそれは夢中で育てた。信じがたいことに、アスパラガスは丁寧に育てると、10～40年も収穫できる。まさしくよき伴侶となるのだ。古代ギリシアでは、山すその岩場や荒れ地にワシャワシャと群れる雑草であったが、人々は美しい庭園に招き入れることを忘れなかった。

　紀元1世紀に成立した歴史的大著のひとつに『マテリア・メディカ』がある。古代ギリシアの医師で薬学研究の大家ディオスコリデス（40～90年）が記したもので、以後、1,600年間にわたって西洋世界における至高の医学書とされた。アスパラガスの薬効について、ディオスコリデスは語りかける。

　「小さな茎（筆者注：新芽であろう）をボイルして食べれば、過敏になった腸の働きを鎮めるほか、強い利尿作用がある。（中略）根茎から得た浸出液を飲めば、痛みを伴う排尿困難や、黄疸症状、腎臓病、腰痛などを緩和する」

　こうした薬効の合間にはアスパラギン酸（aspartic acid）が潜む。アスパラガスから抽出されたのでその名があり、非必須アミノ酸だが、中枢神経では興奮伝達物質として働き、同時に、神経細胞に有害なアンモニアを尿にして排出するのを助ける。細胞内では窒素代謝、エネルギー代謝の補強に携わるので、疲労回復やスタミナ増強によいとされ、栄養剤やスポーツ飲料で活躍する。

アーティチョーク・カルドンの
機能性成分例

- クロロゲン酸
- シリマリン
- アピゲニン

春の葉姿

- クロロゲン酸は味覚に「甘さ」を感じさせる成分。古来「上等なワインと一緒に食べるな」と言われたのは、ワインの味が変わってしまうから。血糖値の上昇を抑え、脂肪の燃焼を補助するなど多機能を発揮。
- シリマリンはカルドンの葉に含まれ、肝臓機能の再生と促進機能をもつ（グローブ種の葉からは未発見）。

タネ

アーティチョークのハート

アーティチョーク・グローブの
機能性成分例

- カフェオイルキナ酸類
- ビタミンC、イヌリン

- ルテオリン、アントシアニンなどの**カフェオイルキナ酸類**（クロロゲン酸を含む）は、花部や葉に多く含まれ、細胞組織（たんぱく質、細胞膜、DNAなど）を活性酸素などの暴虐から強力に防御する。
- 上記のほか、花部に多いのが**ビタミンC**とアントシアニン類（Christakiほか、2012）。茎葉には繊維質、**イヌリン**なども豊富で抗菌、抗HIV、利胆薬にも利用される。

アーティチョークの仲間

シェフが惚れ込む"女神のハート"

　野生のカルドンから選抜され、栽培化されたのがグローブ種で、背丈は160センチほどとよい加減。一方で花の大きさは5割増しとなり、おもに若い花蕾（からい）がヨーロッパ貴族の肥えた舌を躍らせてきた。貴重な媚薬（びやく）として暗躍した時代もあったが、称賛の的はやはり女神の独創的な風味。タケノコのような食感と"ややビターな甘み"という絶妙な風味は他に代えがたく、「大量に採れない」稀少（きしょう）性も手伝って、グローブ種の花蕾はいまも高価である。

　フランス人の若い男女に聞いた話だが、お母さんに「庭から採ってきて」と言われた子どもたちは、日本人が好んで食べる蕾のガク（うろこ状の部分）はもぎってポイ。そのなかに隠れている"ハート"と呼ばれる中心部だけを貪（むさぼ）り喰っては、お母さんの大目玉も喰（く）う。一度でもハートを味わった子どもとシェフは、アーティチョークの虜（とりこ）になると言われる。だけれども女神様はやっぱり気まぐれで、冷蔵庫に入れても数日ともたない。やはり自身で育てるのが最善であろうが、それには広い土地が必要となる。

　グローブ種の巨大な構造を支えているのは、もちろん根っこ。2年目以降の成長は目覚ましく、養分の吸収能力が非常に高く、高濃度の糖分を蓄積する。もともと痩（や）せた山すそでも巨大化できる雑草なので、生命力もケタ外れ。庭園や畑地では懐かしきパルナッソスの山を望むかのように自らも聳（そび）え立つ。

　さて女神に迎えられたキナラであったが、ゼウスの命に背いてしばしば下界におりた。ゼウスは怒りに震えて彼女をアーティチョークに変えた。キナラの才智がそのまま宿ったのか、いまも人間に贈る恩恵は無限大。世界各国で栽培され、全草から採れる繊維も紙や衣服になり、全草の油分はバイオマス発電で活躍中。

キク科
チョウセンアザミ属

アーティチョーク・カルドン

Cynara cardunculus

原産地	地中海沿岸
栽培の歴史	2,300年以上
性　質	多年生
花　期	6〜8月

暮らしぶりと性質

普通に育てれば10年以上は収穫可。この女神様は陽当たりのよい場所での仕事をとても好み、移動をひどく嫌う。広い敷地と燦燦とした陽射しが必要な贅沢野菜。

特記事項

痩せた山すそに野生するほど頑丈だが、この女神様は本当に気まぐれ。大事に育てても、なにが気に入らぬのか忽然と姿を消すことがある。ガーデナーたちも、ゼウスが焦燥に駆られたり悩み込んだりした心情にいたく共感するが、愛することをやめられぬ。

アーティチョークの仲間
美女とお酒とあなたの肝臓

　全能の神といえども、どうにもならぬことがある。女性である。ゼウスはキナラという少女(ニンフ説もある)に魅了され、神々の住まう山に迎え、女神にした。キナラは美しいだけでなく、非常な才智に恵まれていたようである。彼女の名を冠した**アーティチョーク**(学名*Cynara*)を育てるとよく分かる。すると、これまた伝説の通り、人々は彼女の気まぐれに悩まされる。

　アーティチョークには種類があって、野菜として有名なのは次項でご紹介する**グローブ種**。ここでご案内する**カルドン種**と、なにが違いますかと問われれば、そもそも食べ方が違います。カルドン種は、種蒔(ま)きして1年目の若葉、2年目以降なら葉柄(ようへい)を食べる。もしくは蕾(つぼみ)の時期に"柔らかな茎"を食べるが、短い旬を逃すと硬くなり、包丁を弾き返す。野生種と栽培種があり、日本の庭先や畑地で見るのは栽培種の方。身の丈2メートルを超え、葉身(ようしん)も1メートル級のおばけアザミ。「これが草ですか」と言いたくなる威容に満ち満ちており、世界中のガーデナーはゼウスに倣(なら)ってすっかり骨抜きにされ、彼女に傅(かしず)くことを無上の喜びとする。

　日本では観賞用とされるも、地中海の人々は茎の風味を絶佳と評す。女神キナラは神々に酒を注いでまわったであろうが、彼女の化身であるアーティチョークには**肝機能の保護と改善**が認められる。さらに、アンチエイジング物質でもある**ポリフェノール類**が豊富なのも、彼女の稀有な美貌を思わせる。ことカルドンの葉には**シリマリン**(silymarin)が含まれ(Fernándezほか、2006年)、これが**肝機能や肌のハリを改善**するのだと注目される。

　この女神にも問題がある。タネの寿命が2年と短い。そしてタネから栽培すると、その後の成長の予想がまったくつかないのだ！

五十音順

Disce gaudere.
楽しむことを学べ
——小セネカ（古代ローマ帝国の政治家、哲学者）

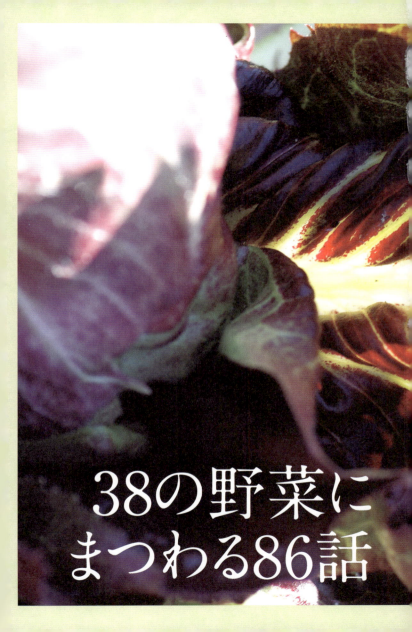

🌿 美味しい科学

　野菜たちが生成する化合物の種類はとんでもない数にのぼる。なにを作るかは、種族によって大きな違いがある。たとえ同じ種族であっても、季節や育つ環境によって大きく変える。

　まず野菜によって、かかりやすい病気が違う。天敵である小動物類（いもむし毛虫やアブラムシ）も違う。こうした環境ストレスに対応できるよう、とても柔軟に攻撃・防御法を変えているのである。一方で、ストレスの少ないシーズンは、無駄な兵器や防具を作るのはやめて、もっと別の物質をこさえることに時間を費やすようになる。そして誰もが希求する"健康"にとてもよさそうな**機能性成分**であるが、野菜たちは生長ステージや季節によって溜め込む場所を次々に変えてゆくのである。

　こうした"生命の営み"が透けて見えてくると、いつ、どんな野菜を食べると恩恵に与(あずか)れるかが読み取れるようになる。

　お付き合いのマナー（栽培方法や料理方法）ひとつで、野菜たちの機能性成分は劇的に変わってしまうが、世界中の長い歴史のなかで揉まれてきた技芸が数多く残されている。この1万年ほどの間に、腹を壊し、マズさに呻(うめ)いた人々は数知れず。より美味しく、安心して食べられる植物を求めてきた成果が野菜である。

　豊かな野菜生活を愉しもうと目論(もくろ)むなら、"新しい野菜"に挑戦してみるのもよいアイデアである。本書ではアーティチョークの仲間、エンダイブ、パースレイン、ビートの仲間、ラプンツェルなど、新参の野菜たちもご案内してゆく。いずれも原産地では古くから美味な薬草として名を馳(は)せる名門野菜で、日本でも栽培が始まり、入手できるようになってきた。

　物語の始まりは、女神の化身アーティチョークである。

はてさて、なにが健康によいのでしょう

　お馴染みの野菜たちが、陽なたぼっこを愉しみながらせっせとこさえる成分とその働きは、"とてもよい感じでカオス"である。

　あなたが食べたその野菜が、どれだけの物質を含んでいるかについて、正確な知見はまだ存在しない。ビタミン、ミネラル、繊維質のほか、未解明の物質が数百から数千種あると推測される。

　下図は1997年に世界がん研究基金が報告した「野菜の摂取とがん発症リスク」に関するデータである(池上幸江ほか、2003年より)。世界中の4,500件超の疫学論文を精査したもので、なにを摂取すれば、どのようながん予防に効果的であったかを示す。

　注目すべきは、有効成分だけを抜き出して摂るよりも、雑多な成分のカオスである野菜や果実を丸のまま食べた方が効果的だったということ。我々の体を含め、自然界のあらゆることは、合理性だけでは到底理解できない。愉快痛快。

野菜の摂取とがんの予防効果について

	野菜(全体)	果物(全体)	食物中のカロテノイド	食物中のビタミンC	食物中のミネラル	穀物	でんぷん	食物繊維	お茶	運動
肺	確定的	確定的	ほぼ確実							可能性あり
胃	確定的	確定的	可能性あり	ほぼ確実						可能性あり
膵臓	ほぼ確実	可能性あり								
肝臓										
結腸、直腸	確定的	可能性あり					可能性あり	可能性あり		確定的
乳房	ほぼ確実	ほぼ確実								
前立腺			可能性あり							

リスクの減少
■ 確定的　■ ほぼ確実　■ 可能性あり

池上幸江ほか、2003年；World Cancer Research Fund and American Institute for Cancer Research、1997年より抜粋・構成

また原産地周辺では、原種や、原種に近い品種がたくさん残されている。驚くべきことに、ニンジン、レタス、ナスなどは、色や形はもちろん、味わいだってまるで違っている。色や風味が違うということは、それぞれがこさえる成分にも大きな差が出てくるものである。なかにはお世辞にも美味とは言いがたいものも必ずあるが、その舌の記憶もまた、誰かと話題にしたい研究成果である。

　原産地での利用方法も、新しい料理のアイデアを吹き込んでくれるだろう。また、とても奇妙な伝承やおまじないの数々は、あなたの想像力に翼を与え、野菜たちが秘める未知の部分について、驚異のストーリーを見せてくれることもあるだろう。たかが家庭の迷信といえど、数百年、数千年も広く語り継がれたものには、"目に見えぬなにか"が潜んでいるものである。

レタス伝播経路

故郷は叡智の宝庫

　最先端の生命世界に飛び込むなら、野菜をみんなで食べるとよい。食卓を囲む人数が多いほど、素晴らしい研究成果を上げることができる。なにしろ野菜の品種とレシピは星の数。インゲンマメやジャガイモは、控えめに見積もっても千数百種ほど存在する。カブ、トマト、トウガラシにしても数百種を数える。

　"まだ見ぬ美食の旅"は、我々の人生と食卓を鮮やかに彩ってくれるだろうし、野菜を生命体として観察してみることで、我々の体の神秘についても興味深い示唆を与えてくれる。もちろん、健康によいかどうかも自分たちで検証できる。

　こうしたあなたの研究をいっそう愉しくするツールとして、原産地情報はとても有益である。栽培を始めて困ったことがあれば、野菜たちの故郷をイメージしてみるのも決して無駄にはならない。

イチゴ伝播経路

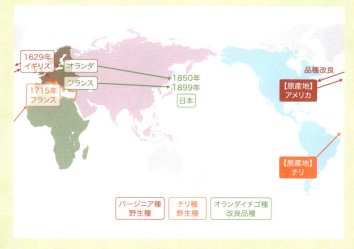

🦋 世にも奇妙な生命"野菜"

　この地球上には、推定30万種の高等植物が棲んでいる。その約10％がヒトの暮らし（医・衣食住）に有用だという学者がいる。"30,000"種！

　さて、日本で流通している野菜は150種ほど。ずいぶん少ない。

　ここ1万年ぐらい、ヒトは世界中でウマいものを探しまわり、育てることに熱中している。美味しい山菜、貴重な薬になる薬草は、片っ端から連れて帰り、手塩にかけてきた。が、どいつもこいつもヘソを曲げ、あからさまにしょぼくれてみたり。元気に見えても仕事をサボり、旨み成分や薬効成分を作らなかったり。有用植物と言われる連中のほとんどが、ヒトの産業、経済活動に協力するつもりはさらさらないようだ。

　つまり、畑で元気に根を伸ばし、品種改良にも気前よく応えてくれる野菜たちは、極めて変わった植物なのである。

　とりわけ驚異的なのは適応力の高さ。日本で流通する野菜の90％超が、海外を祖国とする。アフリカの砂漠地帯や南米アンデスの高山に棲んでいたものが、日本の畑でお行儀よく並び、のんびりと花を咲かせているのは、恐ろしく柔軟で斬新な生命機能に恵まれているからである。

　この特殊能力について、これまで精緻な研究が重ねられてきたが、いまのところタマネギの皮をどうにか1枚剝けましたといった具合。ふだん何気なく顔を合わせている野菜の正体は、分からないことだらけである。

　それでもヒトは1万年ほど野菜を食べ続けてきたわけで、我々の体や暮らしを通じ、野菜の真価も少しずつ理解されるようになってきた。これほど身近な生き物に、どれほどの意外な驚きが宿るのかについて、物語を進めてゆきたい。

パセリ　146
- 生誕そして終焉のシンボル　146
- 人生と神経は図太く永く　148

ビートの仲間　150
- 甘い夢はビートにのって　150
- 紅の甘美な腫瘍キラー　152
- アンドレアスとフランツの奇跡　154
- その旨み、エビタコイカ級　156

ピーマンの仲間　158
- ビタミンCでノーベル賞　158
- 神経と免疫を鎮めるルテオリン　160
- 食べる肥満改善薬　162

ブロッコリーの仲間　164
- あたし、こだわってますから　164
- 難攻不落の栄養要塞　166
- 大きくなってうっすらうっすら　168

ホウレンソウ　170
- "急募カルシウム"の命がけ　170
- 美味しい秘訣は"5倍量"　172

メロン　174
- ココロも蕩ける美の薬草　174
- 荘厳なる抗酸化物質の大宮殿　176
- 偉大なメロン、マクワウリの愛嬌　178

ラプンツェル（マーシュ）　180
- "魔女の野菜"のメルヒェン　180
- 女性を守る魔法の薬草　182

レタスの仲間　184
- 聖なる性の偉大な薬草　184
- レタス中毒の幻覚と意識喪失　186
- 人生を彩る"野菜のいる暮らし"　188

CONTENTS

トウガラシ ... 104
- 気になる樹に生る原種の蠱惑 ... 104
- 痛い"鎮痛薬" ... 106

トウモロコシ ... 108
- 暖炉の前でゴロゴロリッ ... 108
- とっても愉しい三姉妹農法 ... 110

トマティーヨ（食用ホオズキ） ... 112
- メキシコ料理の名わき役 ... 112
- 悪性腫瘍を蹴散らす天才？ ... 114

トマト ... 116
- 猛毒の"ラブ・アップル" ... 116
- 魔女狩りと革命の日々 ... 118
- さまよえるリコピン礼賛 ... 120

ナス ... 122
- 評判も上下左右にぶらぶらと ... 122
- "野菜の王様"77種の効能 ... 124

ニラ ... 126
- 畑に群れるタコの足 ... 126
- そのスルフィド、なにスルフィドぞ ... 128

ニンジン ... 130
- おねしょ、治します ... 130
- ビタミンAの恩恵と危険 ... 132

ニンニク ... 134
- 戦争と文明のエンジン ... 134
- 毒と薬の狭間 ... 136

ネットル ... 138
- ヨーロッパの影の支配者 ... 138
- 痛くて美味しい抗アレルギー薬 ... 140

パースレインの仲間 ... 142
- 制御不能なイカれた野菜 ... 142
- つるっと美味しい天才錬金術師 ... 144

キュウリ …… 60
- 夜明けの畑ですっぽんぽん …… 60
- 美肌と旦那を支えます …… 62

ケール …… 64
- "まあるくない"キャベツでござい …… 64
- さても美しき抗酸化物質の神殿 …… 66

サツマイモ …… 68
- ヤラピンが奏でる素敵な音色 …… 68
- 葉っぱとツルが"医者殺し" …… 70

ジャガイモ …… 72
- 不愛想な"地球のきんたま" …… 72
- 世界でもっとも人気の毒草 …… 74

スイカ …… 76
- 頭脳の強壮薬 …… 76
- スイカ爆弾の炸裂力 …… 78

スイスチャード …… 80
- 鼻に突っ込み頭脳明晰 …… 80
- 絶大なる"色彩の魔術" …… 82

セロリ …… 84
- 愛、ローマへと続く道 …… 84
- 薬効に潜むいくつかの危機 …… 86

ソラマメ …… 88
- 彼女をソラマメ畑に連れてゆけ！ …… 88
- ぶきっちょな難病治療薬 …… 90

ダイコン …… 92
- 古代エジプトの給料を使った錬金術 …… 92
- 古いワインを蘇らせる錬金術 …… 94

タマネギ …… 96
- 世界征服はパンとチーズとタマネギで …… 96
- 恋の病と涙目のアリシンと …… 98

チコリ …… 100
- 太陽の花嫁 …… 100
- クセになる"SLs"の魅惑 …… 102

SB Creative

身近な野菜の奇妙な話

もとは雑草？　薬草？　不思議なルーツと驚きの活用法があふれる世界へようこそ

CONTENTS

野菜世界への招待状 ……… 10
38の野菜にまつわる86話 ……… 16

アーティチョークの仲間 ……… 18
- 美女とお酒とあなたの肝臓 ……… 18
- シェフが惚れ込む"女神のハート" ……… 20

アスパラガス ……… 22
- 幸せ運ぶ新たな家族 ……… 22
- もじもじして待つ子孫繁栄 ……… 24

イチゴの仲間 ……… 26
- 女神たちの慈愛と美肌と男気と ……… 26
- さよならメラニン、こんにちは白イチゴ ……… 28
- うろつきまわる錬金術師 ……… 30
- みなぎる生命、あふるる薬効 ……… 32

インゲンマメ ……… 34
- しゃっくりに効く美味なるタマタマ ……… 34
- ビタミンB_1愛好家 ……… 36

エンダイブ ……… 38
- 古典野菜のカオスな調べ ……… 38
- サラダ世界の名指揮者 ……… 40

オクラ ……… 42
- 全身これ薬局 ……… 42
- 旬が短い美のネバネバ ……… 44

カブ ……… 46
- 可愛いジャックはカゼに効く ……… 46
- 1階は食物繊維、2階はビタミン各種でございます ……… 48

カボチャ ……… 50
- カボチャ大王の狂騒曲 ……… 50
- 大地が産んだ"巨大な製薬生物" ……… 52
- ヒトとカボチャの不思議なダンス ……… 54

キャベツ ……… 56
- お母さん、赤ちゃんはどこから来るの？ ……… 56
- さあ、赤ちゃんを取りにゆこうか ……… 58

はじめに

　混乱の多い野菜名や原産地情報については『野菜園芸大百科 第2版』シリーズ（農文協）を典拠とし、不足分は学術論文などを参照した。学名は最新のAPG体系に準拠している。引用した文献や論文は多数にのぼり、巻末で網羅できなかった。基礎研究に従事し、貴重な知見をもたらしてくれる研究者各位には深く敬意を表したい。

　本書を企画段階から支え続けてくれたのは編集の田上理香子氏である。文字通り"奇跡的"な上梓に至ったのは氏の離れ業のおかげであり、デザイン担当の笹沢記良氏の手で、素晴らしく美しい紙面に仕上がった。

　高名な有機農家の方々――石井恒次氏、伊藤文美氏、岩崎充利・民江氏、桑原 衛氏、櫻井 薫・文子氏、川上和男氏には大いなるご指導を賜った。格別な感謝を。

　無尽蔵とも思える労苦を担ってくれたのは、ガーデナーの森 ひとみ氏と大塚有寿氏である。彼女らはガーデナー仲間であり、いつだって自然世界への好奇心や喜びを共有し、世界中の珍しい野菜を見事に育て上げてくれた。

　自然界の恩師である大久保茂徳氏、向井康治氏、吉村史朗氏、向井康夫氏、そして沼田雅充氏、大橋広子氏、鈴木貴人氏から多くを学ばせていただいた。

　もちろん"たまたま"本書を手にしてくださった皆様には、いつかお逢いできたときに厚く御礼申し上げたく思うのです。

2018年2月末日　筆者

さて、野菜とはどんな生き物だろうか。

その出自は、野辺に生える雑草・野草のたぐい。世界には、まだ見ぬ野菜たちが列をなしており、少しずつながらも"新しい美味"が我が国にやってくる。

アーティチョーク（p.18）は、12年前ならとても珍しい植物であったけれど、いまでは庭先や畑の片隅で育てる人がずいぶん増えた。原産地のヨーロッパでは八百屋に並ぶ"普通の野菜"である。

やはりヨーロッパの定番野菜であるパースレイン（p.142）は、むかしから日本に棲みつき、いまも道ばたにいるモーレツ雑草。里山では"夏バテ防止野菜""真冬に食べる保存食"とされてきた。西洋では軽く茹でてサラダで食べるが、日本人は茹でてから酢の物にして愉しむことが多い。これが実に理にかなっているのだ！

お馴染みの野菜でも新しい品種、新しい活用法が生み出される。野菜世界はいつだって変化にあふれている。ひとつひとつを味わい、愉しむうちに、自然界の醍醐味まで賞味できることは、とても幸せである。

なお、本書は国内外の学術論文や専門書を礎にして、有望な機能性成分についてもたくさん紹介している。ただし、いまのところ**野菜の"あなたの健康に及ぼすであろう影響"**については、その多くが未解明であることをはっきりとお伝えしておきたい。

はじめに

　私が仕事場としているハーブガーデンには、小さな畑がある。のどかな陽気のなか、地べたで四つん這いになって野菜の虫取りに興じる。するとお声がかかる。
「あら。ハーブのお庭なのに、お野菜もやってるの？」
　泥まみれの皮手袋で顔を拭い、せっせと集めたお邪魔虫どもを雑木林の向こうにうっちゃると、はてさてどこからお話ししたものかと、悩む。とても多くの来園者が、同じ疑問を口にする。よほど奇妙に映るらしい。

　野菜の多くはハーブである。薬草としての歴史をもち、原産地の周辺では現代でも薬効が尊ばれ、盛んに利用される。
　その使われ方は実にユニーク。同じ野菜でも、世界各地でまるで違う。文献をひもとき、人々の声に耳を傾ければ、古の迷信やおまじないの数々、奇っ怪な伝説、さらに魔女や魑魅魍魎まで跋扈する世界が広がる。
　本書では、ここに現代科学の知見――舌を噛みそうな有機化学成分や、最新の学術情報をもち込むことで、ひと味違った野菜の愉しみ方をご提案してみたい。